農業をデザインで変える

北海道・十勝発、ファームステッドの挑戦

長岡淳一／阿部 岳 著

farmstead

DESIGNED IN TOKACHI, HOKKAIDO

瀬戸内人

「農業デザイン」で畑に旗を立てる。

農場のロゴマークは
一家の新しい家紋、
農家のモチベーションを高める
旗印になる。

西製茶（132 頁）のパッケージデザインのビフォーアフター。従来の一般的なお茶のイメージから、シンプルでモダンな新しい「和」のデザインへ。

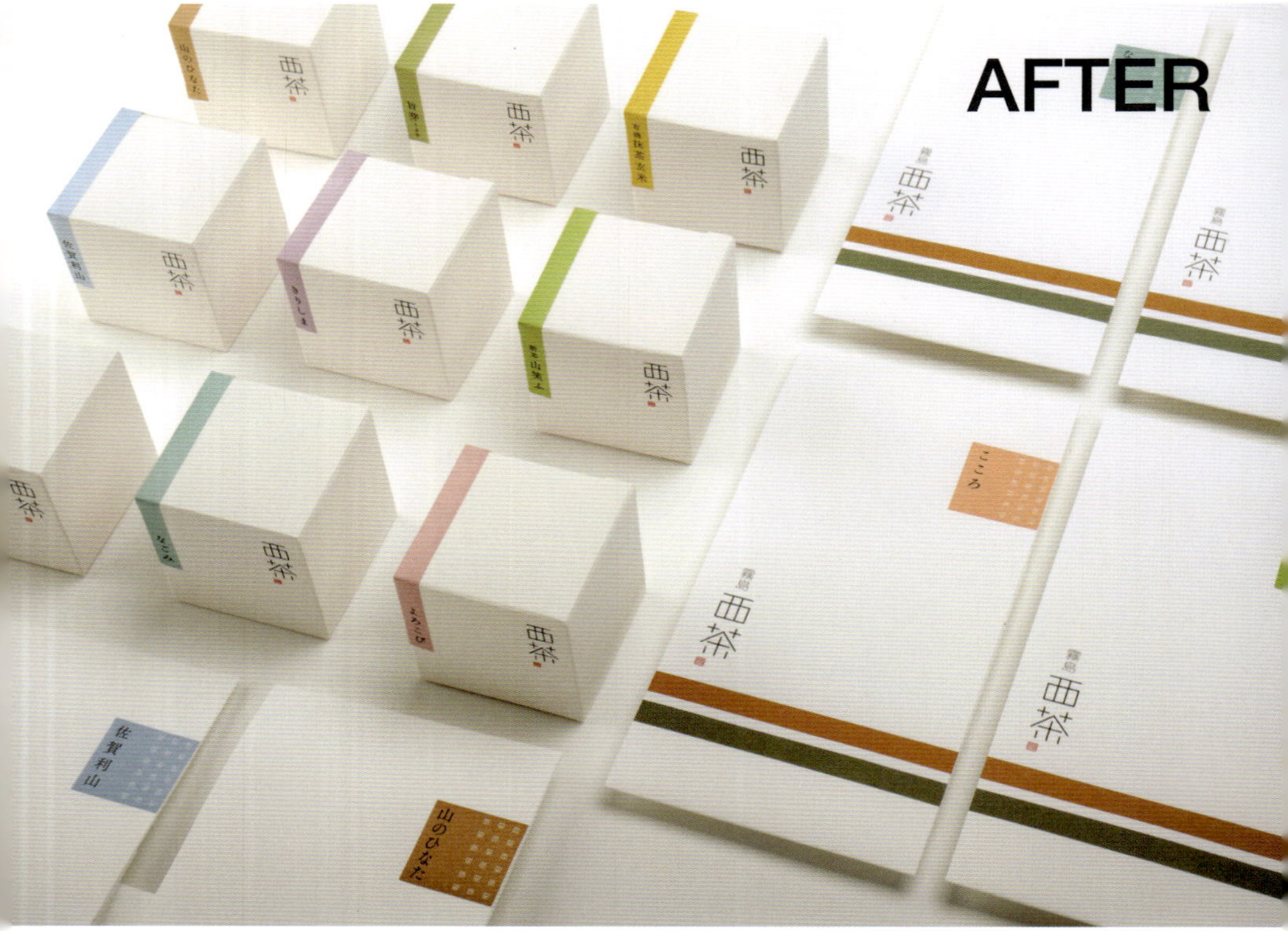

BEFORE

デザインの意味、ブランディングの意味とは何か？

それは農家や生産者の想いや新しいアイデアを形にして伝える手段。

嶋木牧場（62頁）のパッケージデザイン。それまではいろいろなデザインが混在していたのを、カラーやテイストを統一。

AFTER

BEFORE

ばらばらのデザインでは
同じ作り手の商品に見えない。
統一デザインは生産者の「顔」
そのブランドを表現する。

はじめに

「まもなく当機は、とかち帯広空港に着陸します」という機内アナウンス。鹿児島のお茶農園でプレゼンテーションしてきたばかりのデザインの資料を手に、またこの地に帰ってきたという感慨を抱いて窓の外を眺めます。

空から見る北海道・十勝の風景は、果てしなく続く広大な農業地帯の連続です。青々と茂った作物の葉には、薄い緑から濃い緑まで、同じ緑といってもさまざまな色があり、この地で育てられている農産物の種類がとても多いことを教えてくれます。冬には一面の銀世界となる北の大地ですが、春先から秋にかけては、季節の移り変わりとともに鮮やかな色彩で埋め尽くされ、まるでパッチワークのようです。

僕たち、ブランドプロデューサーの長岡淳一とグラフィックデザイナーの阿部岳が共同代表をつとめるファームステッドは、この北海道・十勝の中心地、帯広市を拠点として活動しています。二人とも北海道の開拓者の子孫で、農業に対する誇りとフロンティアスピリットを受け継いでいます。そしていま取り組んでいるのは農業をはじめとする1次産業にデザインを活用し、地域の産品のブランド価値を高めてゆくことです。

また、地方にこそデザインが必要という考えで、日本全国の離島も含めた各地へ出かけ、デザインやブランディングの活用事例を紹介する講演会を開催したり、農家や生産者のためのパッケージデザインやブランドデザインの実践についての相談会を開催しています。

最初は地元、十勝の農業生産品や加工品を外に向けてもっと魅力的に紹介し、効果あるプロモーションをするにはどうすればいいか、を目的として活動をはじめました。農家や生産者と接していくうちに、産品を売り込むためには、まずそれを作っている人たちのブランド力をつけることが必要だと実感するようになったのです。農業や水産業などの1次産業に、デザインの専門性をもった人間が直接関わり、一緒に何かを作りあげていくという仕組みがそれまではありませんでした。

農業の現状を見回してみると、農業人口の6割が65歳以上という高齢化、後継者不足による農業人口の減少、それにともなう耕作放棄地の増加、そして関税の撤廃により外国からの農業生産品が安価に輸入されるTPPなど、たいへん厳しい状況にさらされています。

一方で、いままでの農業から脱皮して、新しいやり方を模索しチャレンジする農家も増えています。

ホームページなどを使って消費者に直接ネット販売をする。各地で開催されるようになったマルシェで直接対面販売する。自分で販路を開拓し市場やスーパー、レストランなどに野菜を納入する。食品加工に乗り出し、生鮮品ではなく加工品として付加価値をつけた商品開発をはじめる。こうしたやり方は、これからの農業にとって避けては通れない大きな流れになっていくと思います。ただし、そこにはいままでにはない「売る技術」や、商品特性を「伝える技術」が必要となってきます。

野菜を売り込みに行った先で、どんな名刺を出せば名前を覚えてもらえるのか。そこにどんなロゴマークがあればいいのか。農場の特長を説明するパンフレットはどう作ればいいのか。どのような写真を掲載することが効果的なのか。自家製ジャムを販売するためのブランド名や商品名はどうするのか。どんな瓶に入れれば販売や運搬がしやすいのか。どういう売り場で、いかなるターゲットの人を相手にいくらで売ればいいのか。

このような専門的な知識をすべて農家が身につけ、実践することは大変です。僕たちはデザインやブランド構築、商品プロデュースなどの専門家なのだから何かできるはず、地元の農業のためにデザイン会社の自分たちがするべきことがある。そう確信したのです。

こうして農業をデザインする仕事をはじめてみると、あれよあれよという間に活動の場は広がりました。北海道だけではなく、日本中の各地で同じ課題をかかえていたのです。「ぜひ話をきかせてほしい」「事例を紹介してほしい」との求めに応じ、講演や相談会を行うために出かけてゆきました。

南は沖縄から九州、四国、関東、東北と、風土や習慣、その地で作っている産品は違っても求められているものは共通していました。まわりにデザインをしてくれる人がいない、ブランド化に関して相談できる人がいない、都会のデザイン事務所に依頼するなどハードルが高くてできない。そもそも、何からはじめていいのかわからない……。

「農業デザイン」の仕事を重ねていくうちに、「パッケージの変更で売上が伸びた」ということよりも、「ロゴマークができたのを見てすごくモチベーションがあがりました」「いままで決心がつきませんでしたがこれで前に進めます」という喜びの声をいただくようになりました。前向きな気持ちを呼び起こして勇気を与える。経済的指標では計れないデザインの力の可能性に気づかされたのです。

ロゴやシンボルマークができあがると布にプリントして旗を作ります。自慢の畑の中でその旗を掲げてもらい、記念に写真を撮ります。農家のみなさんの表情は、前に進んでいこうとする自信と、新しい「旗印」を得た喜びにあふれているように見えます。

「農業デザイン」といういままでになかった分野を開拓するために、日本中を旅して農家や生産者とともに考え、話し合いを重ね、試行錯誤をくりかえしてきました。そんな僕たちの活動や思いをこの本にまとめています。

目次

第3章　農業デザイン・ブランディング事例集 …… 53

第4章 地域ブランディングへの展開

ファームステッドが取り組む農業デザイン・ブランディングとは――

■デザイン
農場や牧場などのロゴマーク（ロゴタイプとシンボルマーク）を制作します。また、オリジナルの段ボール箱、商品パッケージ、名刺、パンフレット、ポスター、展示会用の販促物、ファームサインや看板、ホームページなどをデザインします。

ロゴマーク

MARUMO
MOTOYAMA FARM
BIEI HOKKAIDO

シンボルマーク

ロゴタイプ

MARUMO
MOTOYAMA FARM
BIEI HOKKAIDO

■ブランディング
農家による６次産業化の加工品や地域の特産品のブランド立ち上げのプロデュース、プロモーションや統一デザインの提案を行います。日本全国でセミナーや無料デザイン相談会を開催しています（152 ～153 頁を参照）。

農業をデザインで変える

FURUYA
FARM

大事なのは農家のための「旗印」

時は戦国時代末期。霧深い盆地、そしてそこを取り巻く山中に陣を張り、互いににらみ合う多数の軍勢。その数は両軍あわせて15万とも言われます。じりじりと過ぎてゆく時を切り裂くように響きわたる鉄砲の音とともに戦いの幕は切って落とされ、両軍の軍勢は一斉に突進を開始し、やがて敵味方入り乱れる合戦に突入――。

数々の屏風絵や軍記伝により想像される、おなじみ関ヶ原の戦いの様子です。国を二分し、天下分け目の戦いとなったこの戦には日本中から軍勢が集結。数々の大名、武将たちが参加したことにより、星の数ほどの兵がこの地に集まりました。

いまに残る合戦の様子を描いた屏風絵を見ると、特徴的なことに気がつきます。入り乱れる人や馬を覆い隠すほどの勢いではためく「旗印」です。当時は混乱する戦場で敵味方を見分けるため、多数の兵が背中に旗をさして戦ったり、大きな旗を掲げて相手を威嚇したり自らの存在をアピールしました。

特に重要だったと思われるのは、自分たちがどこに属し、何をよりどころに戦うのか、戦場という極限のモチベーションを要求される場において自らを奮い立たせる、最高のビジュアルシンボルが「旗印」に集約されていたのです。

関ヶ原合戦図屏風より（関ヶ原町歴史民俗資料館所蔵）

なぜ「旗」なのでしょう。

人が物事を判断し、認識するということは「見た目」に大きく左右されます。目で見える視覚情報は瞬時に、直感的にアタマの中に取り込まれます。どんなに立派な人格をもった人でも格好がみすぼらしかったら、まず玄関先で追い返されてしまうでしょう。どんな高邁な理想も、力強い理念も、日々考え抜いたこだわりもアタマの中にあるだけでは誰にも伝わりませんし、共感してもらうこともできません。

考えのもとになったイメージを表現する形を作り、それを大きな布に染め抜いてみんなが見えるところに掲げる。詳細な情報までを伝えることはできないにしても、何らかの考え方が存在していることを伝えることができます。その旗を見上げることで自分たちが何ものなのか、そのよりどころを常に再認識することができます。

見上げれば「旗」があり、そこに染め抜かれた形がある。

僕たちファームステッドが取り組むのは、地方に暮らす農家のためのデザインやブランディングというジャンルの仕事ですが、いちばん大きな、根源的な、大事なことは「旗印」を作ることだと思っています。

といってももちろんのぼり旗の製作会社というわけではありません。ここでいう「旗」は言いかえてみれば、農場のロゴマークであったり、6次産業化による製品のパッケージデザインであったりします。

僕たちが農業をはじめとする1次産業の現場で行っていることは、現代の農業や地域のかかえる問題を解決する知恵を、アイデアを、わかりやすく目に見えるようにして伝えていく。そんなことだと言えます。

農業後継者のモチベーションを高める

各地の生産者や農家と直に接してみて、強く感じていることがあります。特に30代や40代の若手（この世界では若手なのだそうです）の人たちは、「これからの農業」に、とても不安を抱いているということです。ある若手生産者の男性から「そもそも自分が農業をやっていっていいのでしょうか」と真顔で言われたことすらあります。高齢化と後継者不足は深刻化するばかりで、日本の農業を危惧する声も各方面から聞かれます。

厚労省の統計では平成23（２０１１）年の就農人口は２６０万1千人で、前年に比べて５千人（０・２％）減少。65歳以上の割合が6割、75歳以上の割合が3割を占めるなど、高齢化が進んでいます。農業就業人口のうち基幹的農業従事者（仕事のうちの主要部分が農業である人）数は、１８６万2千人となり、前年に比べて18万9千人（9・2％）減少、

200万人を下回っています。

こんな現状の中で、若い人が農業という仕事に就くのはとても酷なことです。そのような状況を打開する手がかりとなるのは何か。若い生産者が自信を持って農業という仕事に打ち込むことができて、これからも農業を続けていきたいと思えるようになるキーワードが「デザインによるブランディング」だと言えます。

一つの事例を挙げてみましょう。とある農家の後継者の若者から相談をされたことがありました。トマトだけでもビニールハウス10棟以上という大規模農家であるにもかかわらず、彼は自分の将来や農業の未来に不安を感じていたのです。

僕たちはその若者に会いに農場を訪ねました。何度も何度も話をして、一緒に酒も飲みました。「僕はおじいちゃん子だったんです」。彼が大事にしていたのは、祖父との思い出であることがわかりました。自分で4代目という農家を、自分の代で絶やすことはできないというプレッシャーもあったように感じました。

何度か訪れたときに、若者は物置の中に眠っていた祖父の工具を見せてくれました。見た目は普通の金槌で、他の人には価値のあるものではありません。しかし、若者にとって、それは祖父の農業への想いを受け継ぐ物だったのです。僕たちは、その想いをデザインして、いまを生きるその若者の心に甦らせることを提案しました。

農場のシンボルとなるロゴマークを作りましょう。そのマークを作業着にプリントしたら気分いいでしょうね。その作業着を着ながら自分の作ったトマトを収穫して、自分の農場のマークがプリントされたダンボール箱で直接そのトマトを食べてくれる人に送ることができたら……などと、どんどん空想が広がっていきました。

彼の農場は、幹線道路からはやや奥まったところにありました。にもかかわらず、農場の前に看板をたてたいと連絡も来て、大きな看板も作ることになりました。

農場のロゴマーク、自分たちだけのダンボール箱、ロゴマークがプリントされた作業着、一つひとつアイテムができあがっていったとき、若者から連絡がありました。いままでとは違う気分で農場に行っている自分に驚いた、というのです。毎日寝る前に、次の日にする作業のことを考えるのが楽しくてしょうがない。あきらかに仕事に対するモチベーションが上がり、彼の心の中に変化が起こっていました。

看板まで製作するのは、かなりの費用がかかります。経営的な視点では、そのような投資には首をかしげるのが普通です。でも経済的なことでは説明がつかないくらい、心のありようが変わっていくことを、彼は実感したのです。

いまでは子どもたちのＴシャツにも農場のロゴマークがプリントされていて、子どもたちにも農場の一員としての意識が芽生えているようだと言います。

まぎれもなくこの農場には「旗」が立ち上がりました。

逆境でも前に進み続け、苦難を乗り越えてきた先代への想い、農業に対する自分たちのこだわりや存在意義が農場のロゴマークという「旗印」となってカタチを得ました（この農場、北海道美瑛町の本山農場については、54頁で紹介しています）。

デザインやブランディングが物を売るための手段ということではなく、人が何かに立ち向かうときのモチベーションアップにつながるということはわかっていたのですが、実際には想像以上の効果でした。キレイで格好良いものを作るのがデザインではないのです。農家をはじめとするモノ作りの人が考えていることを表現することがデザインなのだ、という思いを強く抱きました。

人間の活動でとても大事なことの一つは、モチベーション、つまりやる気を引き出すことだと考えています。これは仕事の種類にかかわらず、どんな活動においても同様です。「旗印」を作ることによって、人のモチベーションを高めることができる。まさに現代の農業にも必要なことだと言えます。

左頁：本山農場（北海道・美瑛町）

本山農場

デザインは生産者の思いを形にして伝える手段

デザインとは、ただ単にキレイでおしゃれなものを作ることではありません。もったいぶった格好良いものを作ることでもありません。

デザインを必要とする人、モノ作りの人が考えていることをカタチにして、表現すること。つまり「伝えること」がデザインだと言えます。

よく聞かれることがあります。それは「デザインすると売れるんですか？　どれくらい売上がアップするのですか？」というものです。

デザインすることによって売上が伸びるかどうか、その相関関係を証明するのはとても難しいことです。そもそも売上というのはマーケティング、広告、価格設定、店頭での販売方法、などいろいろな要素が関連しているものだからです。

僕たちは依頼主（この場合は農家や生産者のみなさんです）の要望をじっくり聞くことからはじめます。なぜロゴマークが必要なのか、どうして他の生産者と差別化できるようなブランドの仕組みが必要なのかを一緒に考えます。依頼主の考えていることを正確に理解するために、実際に仕事場である農場や農地を訪ねることにしています。カラッとして雨の少ない地域だったり、山から吹き下ろしてくる風がとても冷たかったり、畑の土が水分を含んでいて、手に取るとひんやりして気持ち良く感じたりする。こうした体験もデザインやブランディングの仕事には大事だと考えているのです。その畑からはどんな風景が見えるのか、どんな空気の下で、どんな環境で、どんな思いで作物を作っているのか、できるだけ多くのことを肌で感じながら、いろいろな話をします。

アイデアが出たら、それを、一つひとつ形にしていきます。僕たちが提供するのは「思いを形にして伝える手段」です。農家や生産者のみなさんが何を感じていて、何を伝えたいのかを理解したうえで形にすべきだと考えているので、必ず農場、農地を訪ねることにしています。一度の訪問で考えがまとまらなければ、必要に応じて何度も訪れます。

デザインは、誰かに何かを「伝えること」なのだ、と書きました。デザインの提供は単にスタート地点であり、そこからの波及効果は無限大です。消費者に思いを伝えることができると同時に、伝える側、つまり農家や生産者の気持ちにも変化が生まれるのです。

新しいロゴマークを目の前にして、生産者の顔がキラキラ輝いていく瞬間を、僕たちは何度も体験しました。いまっぽい表現をするなら「やる気スイッチが入った」とでも言えるでしょう。本当に小さな一歩ですが、この現実はとても重要で大きな意味を持っています。大げさに言えば、デザインは人の潜在能力を引き出し、思想や行動も変えていくくらいのパワーを持っているのです。

企業にCIがあるように農業にFI（ファーム・アイデンティティ）を

CIという言葉をご存じの方も多いと思います。CIとはコーポレート（＝法人組織の）・アイデンティティ（＝個性、独自性）の略語で、それぞれの頭文字をとってできた言葉です。

CIとは、その企業の独自性や事業の強みなどを再確認し、デザインを統一することによりその企業文化を内外に発信してゆく戦略です。実際には会社のマークを刷新したり、テーマカラーを決めたり、印刷物や看板のデザインを統一したり、ユニフォームや社章などをデザインの使い方に決まりを定めて制作してゆきます。

企業を象徴するロゴマークを作ることが多いことから、「CIとはマークを新しくすること」とも思われがちですが、それだけではありません。企業文化を高めることで、顧客や社会と良い関係を築くことが第一の目的です。企業の掲げる理念や特性をビジュアル化したもので、他の企業のそれとは明確に区別でき、社内のスタッフへの啓蒙にも効果があるものとされています。

これに比して、農業の現場はどうでしょうか。

どんな作物をどんな思いで作っているのか、生産者から発信してもいいですよね。気候や風土だったり、まだ小さかった実が大きくなって収穫に至るまでの様子。生産者ならではの工夫やこだわり。それはきっと、食に対して感度の高い消費者も知りたいことなのです。個性とか独自性をアピールしたり、作り手の顔が見える農業をやっても良いのではないでしょうか。農家や生産者は、もっといい意味での自己主張をするべきです。

常々そんなことを思っていたのですが、あるときふとFI（ファーム・アイデンティティ）という言葉が頭に浮かびました。CI（コーポレート・アイデンティティ）があるなら、FIという考え方があるべきです。CIと同じように農家や農場の持っている理念や特性を、ロゴマークとしてデザイン化し、表現するのです。理念や特性といっても、難しく考えることはありません。どんな思いで作物を作っているのか、同じように見える農作物だけど、他の農場のものと何が違うのか、本当に伝えたいことをもう一度考えてみる。

そして生産者の中での意識を高めること。自分たちは何を目指していて、得意分野、自信を持って提供できるものは何なのか。目に見えるクリアな形としてそれを表現していないのではないか。ロゴマークを作るときに、そこをちゃんと考え直す。そんなふうにして企業戦略を、農場（ファーム）にも当てはめるものです。

単に商品の見た目を格好良くするためではなく、そこに込められた思いを組織の全員が共有するということは会社でも農場でも大切です。自分が何ものなのかという意識を最高に高めて働く。農家のロゴマークの一番の効果は、実はそこにあると考えています。

デザイン・ブランディングの仕事のために必ず現場を訪れる

僕たちは仕事の依頼を受けたときには、必ず現地に行くことにしています。土地の空気を知ることや現場の雰囲気を感じ、それを伝えることがとても大事なことだと思うのです。北は北海道の各地から、東北、四国、九州、南は奄美大島、沖縄まで。記録をつけはじめた2年前から計算してもその移動距離は42万キロ以上、地球をもう10周以上している計算です。なぜここまで現場にこだわるのか。

時間をかけてでも生産者や農家に会いに行き、コミュニケーションをとることは、とても大事なことだと考えています。現場を見ることなく作ったデザインやブランディングというのは机上の空論となってしまいます。

インターネットが普及して、地球の裏側にいる人ともメールでやりとりできる時代ですが、それだけで仕事が終わることはありません。農業というのは土、水、空気、風土とともに営まれる仕事。それならばそこに出かけて、まずはその土地を知ることからはじめましょうというのは、当然のことです。

現在のようにネットや物流が発達しても、地方には「知られていない」素晴らしい生産者や産品が多く眠っています。実際に日本中を訪れて、そのことを痛感しました。農業の

左頁上：左より　阿部、山西さん、長岡
左頁下：左より　伊藤さん、長岡

分野にデザインを取り入れることは、地方の魅力を再発見して発信し、地域を活性化することにつながっていくのかもしれません。

僕たちは依頼主である農家や生産者と長い付き合いをしたいと考えています。仕事でありながら、仕事だけではない、そんな付き合い方ができたら最高です。農業や地域の課題、その解決策を一緒に考え、あるプロジェクトが終わったとしても、数年後にその農家をふたたび訪ねていくような、そんな付き合いをしたいのです。そのような関係には、お金に換算出来ない価値があると言ってもいいでしょう。

農家の気持ちにこたえるために、僕たちが提供できるものは何かを考えます。デザインやブランディングというカードは万能ではありませんから、ただちに生産者の葛藤や苦悩を全て解決できるとは限りません。でも可能性や未来を切り開くカギにはなりえます。

全国の農家と知り合い、ネットワークを築く作業を、じっくりと続けたいと思います。遠くても、その人に会うようにしたい。そして丁寧に人間関係を作っていけるといいな、と思います。

日本の農業を、そして1次産業をデザインで変える！　それくらいの強い意志を胸に抱きながら、僕たちの農場通いは続きます。

第2章　1次産業をデザインで支援するファームステッドのはじまり

僕たちの拠点は北海道・十勝

僕たちの出身地、そして本社があるのは北海道の十勝、帯広市です。十勝という名前に聞き覚えのある方もあると思いますが、十勝市というのはなく、住所表記には出てきません。北海道は一つの都道府県という単位で見ると広すぎるので、道内を12に分けた総合振興局という行政区分があります。その中の十勝総合振興局の中心地が帯広市。北海道の屋根、大雪山系を背後に控える北の足寄町や陸別町から、太平洋に面する広尾町までの1市16町2村が、南北にぶどうの房のような形で連なっています。

「十勝」という地名は、管内を流れる十勝川をさすアイヌ語「トカプチ」に由来していると言われます。それは「乳」を意味し、川口が二つ乳房のように並んでいることを表しています。十勝川が日高山脈を背景として悠々と流れる姿は十勝の象徴でもあり、全長156km、北海道第3位の長さを誇り、十勝川水系には平野を潤す大小200あまりの河川が流れ込む、まさに母なる川です。

その豊かな川が流れる十勝平野。面積は約3600km²で北海道の平野面積の10%ほどを占め、そこで営まれる農業は、大型機械を活用した大規模農業です。畑作や酪農が中心で、じゃがいも、大豆、甜菜、小麦などが作られています。

左頁：十勝平野、白いぽつぽつは
ラッピングされた牧草ロール

十勝の豊かな食と農

２０１２年度の食糧自給率は日本全体で39％。これはカロリーベースの総合食料自給率として算出されたものです。カロリーベースとは食べ物のカロリーを使って計算するもので、簡単に言えば「１人１日当たりに供給される国産の食べ物の熱量を、１人１日当たりに供給される食べ物全体の熱量で割ったもの」です。２０１２年度の場合なら、カロリーベース総合食料自給率は「１人１日当たり国産供給熱量（９４２キロカロリー）／１人１日当たり供給熱量（２４３０キロカロリー）」で39％となります。都道府県別のランキングも農水省から発表されていて、もちろんダントツの１位が北海道で１９１％でした。

全国を１００としたときの北海道の人口は４・３、農業就業人口も４・３ですが、農地面積は25・３にも達しています。日本の農地の４分の１は北海道なのです。農業就業人口が４・３なのに農地面積が25・３ということは、大規模な農家が多いことを示しています。事実、北海道の農家１戸当たりの耕地面積は約24ヘクタールと、都府県平均の約15倍です。

そして十勝の食料自給率は１１００％です。１１０％ではなく、その10倍です。これでいかに十勝の農業が突出した存在なのかがわかると思います。つまり十勝の基幹産業は、まぎれもなく農業なのです。

開拓者としてのフロンティアスピリット

十勝地方の開拓は、北海道に多く見られる官主導の屯田兵によるものではなく、明治16（１８８３）年に入植した依田勉三率いる民間会社、晩成社により進められました。十勝の小学校では、必ず十勝開拓の祖・依田勉三の功績についての授業があります。

勉三は明治政府から未開地一万町歩を無償で払い下げを受け、北海道に渡りました。帯広市の十勝国河西郡下帯広村を開墾予定地と定め、開墾事業に乗り出します。直後から冷害、バッタや野ネズミの襲来などもあり苦難の開墾生活。開墾事業としては失敗したものの、のちの十勝の産業興隆のために大きな功績を残しました。

以来１３０年余り、十勝は寒冷な気象条件にありながらも、恵まれた土地資源を活かし、近代技術の導入や土地基盤整備を進めながら、農業を主要産業として栄えてきました。

十勝に生まれた3代目となる自分たちには開拓者精神《フロンティアスピリット》が宿っている、そんな気がしています。先人が十勝の大地を切り開いたように、自分たちも新しい仕事の分野を開拓者精神で進みたい。だから僕たちの本社は、北海道・十勝でなければならないのです。

以下では、僕たちが十勝で生まれてからどのような環境の中で育ち、なぜいまの活動をするに至ったのかに触れてみることにします。

スピードスケートで
オリンピックをめざした後
地域を活性化する道へ

ブランドプロデューサー
長岡淳一

僕・長岡淳一は代々が農家という家に生まれました。代々、といっても十勝に入植したのが曽祖父母の世代ですから、4代目ということになります。

サラリーマン家庭の長男として生まれましたが、父方も母方も以前は農業を営み、父の祖父は音更町《おとふけちょう》で大規模な畑作、母の祖父は釧路方面で酪農家として生計を立てていました。父親は男5人兄弟の末っ子で、僕が生まれる前には離農したそうです。そのことを大人になってから聞かされました。

小さい頃の思い出は、とにかく広大な畑とスピードスケート。十勝ではスピードスケートが盛んです。小学校の体育の授業では必修科目になるほどでした。両親ともに運動好きだったこともあり、「自分の子どもには小学生になったら何かスポーツをさせたい」と願っていたようです。当時、1年生から入れたのが学校のスピードスケート少年団だったのです。

少年団で徐々に友達も増えはじめ、冬になると大会で知らない場所へ行けるようになって楽しくなってきます。成績も少しずつではあるものの年々右肩上がり。

小学校高学年になって、大会に出たときにあることに気づきます。スタートラインに着いて左右に首を振ると、あきらかに農家の子どもたちばかりが、新品でピカピカの価格の高いスケート靴やウェアを着ているのです。

農家＝お金持ちというイメージを、このときに持つことになります。それに加えて、練習場や大会に家族が応援に来てくれるのも農家が多いこと。十勝の冬は寒さが厳しく、基本的には農作業することができず、お休みになります。時間もある程度自由がきくため、大会にも来ることができるのです。

そんなことが羨ましかった、その頃は農家に対して良い印象しかなかったです。大変な仕事ですが、子どもにはそれは知る由もありません。「なんでうちは農家じゃないの！」と両親に食ってかかったこともあったくらいでしたから、農家に対して持っているいいイメージは相当なものだったように思います。

小学校６年生のときに、十勝地方ではじめて優勝し、中学生になって本格的にスピードスケートの道に進むことになると思っていた矢先に、母親から衝撃的なことを言われました。

「お金がかかるからスケートはやめて欲しい」

スピードスケートは、道具費や遠征費で莫大なお金がかかります。サラリーマン家庭では子どもに競技を続けさせることは難しいのです。両親そろって、昼も夜も休みなしに働いてくれて、ここまで続けてこられただけでも奇跡なのです。スピードスケートを続けるために畑を売却して、費用を捻出する農家もいる、という話も聞くくらいでしたから、両親にはもうこれ以上迷惑はかけられないと感じ、一旦競技から離れることになりました。

そんなときに「ここでやめてしまうのはもったいないから競技を続けた方がいい！」と一学年上の先輩の、農家の親御さんが僕の母親を説得してくれたのです。「僕たちが毎日の送迎や大会への付き添いなど、面倒見てあげるから」と、助けられることになりました。

さすがの母親も、そんな熱意に根負けし、僕自身も先輩の親御さんの気持ちを身に感じながら、スケート漬けの日々があらためてはじまり、1年生で全国大会に出場、3年生では北海道のチャンピオンになって全国3位になることができました。

この頃から「オリンピックに出たい！」という目標を持つようになります。高校は地元のスケート強豪校に進学。2年生のときに国体の少年の部で全国優勝し、ジュニア日本代表の一員として海外遠征に出かけます。海外の同年代の選手やトレーニングの現状、また海外の文化や環境にも刺激を受けました。

オリンピックに出るために、スポーツ推薦で東京の大学に進学しました。大学3年時に開催された長野五輪はチャンスを逃したものの、高校の先輩だった清水宏保さんの金メダル獲得を会場で観戦しています。そのことで大きな刺激を受け、「４年後は自分もあの舞台に立つ！」と決意しました。

大学４年で全国大会で優勝し、卒業後も現役生活を続ける予定でしたが、当時はアマチュアスポーツの衰退が叫ばれ、スポーツ選手としての就職が困難な時代です。大学を卒業するに際して協賛してくれる企業を探しましたが、思うようにはいきませんでした。アルバイトをしながら、あるいは親の援助を受けながら現役生活を続ける方法もありましたが、「これ以上両親に迷惑はかけられない」という思いと、「中途半端なことはしたくない」という思いが重なり、世界の頂点に立つことを夢見て、15年続けてきたスピードスケート選手としての道を、大学卒業と同時にきっぱりと断ち切りました。

アパレル業への転身と地元社会への関心

スピードスケートのおかげで、異国の景色や文化に触れたのは良い経験になりました。若者らしいファッションや音楽、飲食など、異国で見るもの全てがカルチャーショックでした。この経験が、いまの活動の礎になっているのは間違いありません。

大学卒業後は、東京に残ることも考えていましたが、「いずれは十勝に戻りたい」と考えていたこともあり、卒業と同時に十勝に戻り、運良く地元企業に就職します。帯広市内のアパレルショップで、店舗責任者として海外への買い付けを任されることになりました。

選手時代に、高校生の頃から大会や合宿で日本と欧米を往復していた経験を生かし、2か月に1回のペースでひとりで海外へ渡る生活がここから約5年続きます。現地でレンタカーを借りて、知らない土地に向かい、商品を買い付ける。毎回、その新しい出会いにワクワクしました。当時はスマートフォンなどない時代。地図を片手に、右も左もわからない中、失敗も経験しました。

25歳のときに独立し、起業しました。帯広市内中心部の空き店舗で古着衣料品店をオープン。それからは精力的に多店舗展開を進めます。業績は好調でしたが、どんどん店舗を増やしていく過程で、仕事に対する興味や関心も少しずつ変わっていき、自分が今後、住んでいる地元や地方の社会のために何ができるのか、などと自問自答しはじめました。

海外で見つけた格好良い農作業着

買い付けに行く先はアメリカのカリフォルニア州、古着の倉庫は都市部ではなく、レンタカーで5、6時間走らないとたどり着けないようなところにあることもしばしばです。

体力に自信があった僕でもさすがに運転に疲れて、道中の路肩に車を止めてひとやすみしていると、なんだか生まれ故郷の十勝にいるような錯覚に襲われます。はるか遠くまで緑の畑が広がっています。そこに大型のトラクターに乗った老人が、ネルシャツにジーンズを穿いて足元にはワークブーツという姿で農作業をしているではありませんか。それがあまりにも格好良くて輝いて見えました。まるで映画のワンシーンのような美しさ！

十勝に帰って、すぐその足で農家の友人たちに作業着はどうしているのかと聞くと、「特にこだわりはない」という返答ばかりでした。

アパレル業に携わる人間としてこう思いました。この美しい十勝の景色の中で、美味しい作物を育てている農家が、気持ち良く仕事をできる環境を整えることでより豊かな地域になるのではないだろうか。毎日身につける作業着を変えることはそのきっかけの一つになるのではないか。カリフォルニアで出会ったあの老人が着ていたような格好良い作業着を作れば、農家が抱いている作物への思いを、違う形で発信できるかもしれない、地元に貢献できるかもしれない、と考えるようになったのです。

こうしてつながりができた農家や地元の仲間と作業着を製作する企画「とかちリアルウェアプロジェクト」を立ち上げ、商品化に向けて会合を重ね、1年ほどでオリジナルの農作業着を発表しました（4章で詳しく紹介しています）。

このプロデュース経験を通して、伝えること、知ってもらうことが、地域を活性化することになると確信します。しかも、まわりの生産者の役に立つことを成し遂げたという達成感、充実感があり、こんなに喜んでもらえるのか、というやりがいを得ることもできました。自分の得意な仕事の領域で十勝の農業とつながり、地元に貢献できる、まさにその可能性が開かれた瞬間でした。

原風景は見渡す限りの畑だと気づいた北海道と東京を往還する日々

グラフィックデザイナー
阿部 岳

自分にとって故郷、北海道・十勝と言えばここ、というのは帯広市を流れる十勝川の河川敷です。家から簡易舗装の道を北側に向かって自転車で行くと、数分で堤防にあたります。その上に登って広い河川敷の向こうに流れる雄大な十勝川を眺めるというのが、小さい頃のちょっとした冒険の思い出です。

畑や農地の記憶もいっぱいありますが、それは十勝ではあまりにも当たり前の風景で、特別なことだと気づくのは、ずいぶん後、東京に出てきてからでしょうか。小学校の帰りに農場を横切ろうと歩いていると、放牧されていた牛が追いかけてきた、などというのも、いかにも十勝らしい思い出なのかもしれません。

僕は帯広に生まれて、高校卒業まで市内に住んでいました。父親は公務員でしたが、祖父は農業を志して仙台から渡ってきた、開拓者精神にあふれた人でした。当時はあまり意識していませんでしたが、農業はいつも身近にありました。高校の同級生にも農家の子がいっぱいいました。

子どもの頃から絵や工作に興味があり、一つのことに没頭したり、集中して何かを作り上げることが好きでした。中学生のときに美術部で油絵の基礎を学び、高校進学後も当然のように美術部に入りました。自分の教室よりも美術室にいる時間の方がはるかに長く、夜遅くなって学校の門が閉まるまで、ひたすら描き続けるという毎日。自由にやらせてくれた恩師の先生には本当に感謝しています。

高校3年のとき、文化祭のポスターを作ってくれないかと生徒会から頼まれました。自分なりに考えて制作したポスターは、美術部顧問の先生がとても評価してくれ、同級生も喜んでくれました。自分が手がけた作品でみんなが喜んでくれて笑顔になる、こんな素晴らしいことがあるなら、そういうことをする仕事に就きたい。

それがグラフィックデザイナーを目指そうと思ったきっかけです。

上京して美大のグラフィックデザイン科に入学し、その後東京でデザイン会社に就職し都会でのデザイナー生活がはじまりました。

僕が勤めていたデザイン会社は、ポスターなどの印刷物、書籍などの出版物、パッケージデザインなどいろいろな仕事をしていましたが、メインでやっていたのは企業からの依頼によるCI（コーポレート・アイデンティティ）の仕事です。ここでシンボルマークの考え方やブランディングの方法論を身につけることができ、いまにつながっています。

デザイナーという職業は細分化、専門化されていることが多いのですが、僕は勤務していた会社のおかげで、CI計画を中心にパッケージデザインなどいろいろなジャンルのデザインを学ぶことができたのも幸運なことでした。

独立して自分の事務所を構えたのが１９９６年、それからもいろいろな仕事をやりましたが次第に化粧品や洋菓子などのパッケージデザインが多くなりました。２００８年にはパッケージデザインで最初のグッドデザイン賞を受賞することができ、デザインと社会の関わりを考えるきっかけにもなりました。

地方と都会を結ぶデザインのありかた

気がつくと、故郷の帯広で過ごした高校卒業までの18年という年月を超える時間が東京で経過していました。東京をベースに仕事をしていたので、故郷とは何のつながりもない状態です。

そんなことを意識しはじめたころから地元・十勝に戻るようになり、昔の同級生ともひさしぶりに会うようになりました。やはり故郷は人のつながりができはじめると物事が動くスピードも速い。しばらくすると少しずつデザインやブランディングのことを相談されるようになります。最初のうちはボランティア的にやっていたのですが、次第に相談の件数が増えていき、これは本格的に取り組まないといけないなと思っているときに、地元の中小企業家同友会から講演してほしいという依頼がありました。

テーマは「デザインの重要性について」です。当日は120人もの方々に来ていただきました。60人ほどの会場を予定していたところ、参加希望者が多く急遽会場を変更したのだそうです。それほどまでに「デザイン」についての関心が高かったのです。もしかしたら地方活性化策の一つとして「デザイン」が注目されたのかもしれません。こんなに興味を持っている人がいるんだという事実に驚いている暇もないうちに、加速がついたように自分のまわりでいろいろなプロジェクトが動いていきました。

地方では形のないものにお金はださない、理解がない。よく言われることです。しかしそんなことはありませんでした。前向きな人はどんなところにも必ずいるということがわかってきたのです。次第に北海道と東京の行き来の回数は増えていきました。

故郷をはなれていた時間は、十勝を客観的に見る目を養ってくれたと言えます。地方から都会に何を期待するのかという目線と、都会からの目線、その両方を知ることができた。このことが地方と都会を結ぶデザインのありかたを考えるもとになりました。

「とかちデザインファームプロジェクト」を立ち上げる

僕たちの活動は、北海道在住のブランドプロデューサーと東京を拠点にするデザイナーがタッグを組んで発信するというスタイルです。２人ともが大農業地域、十勝出身というのが強みです。会社としては阿部と長岡、２人が共同代表というスタイルをとっています。

２０１１年3月に僕たちははじめて会い、意気投合しました。

最初は「とかちデザインファームプロジェクト」として活動を立ち上げました。そして、1年ほどでこの活動の枠組み自体がグッドデザイン賞を受賞しました。「農産品の6次産業化に対して、デザインでのソリューション（解決策）がある。製品の品質イメージの可視化やブランディングという視点でのデザインに成功している。農とデザインの良い関わり合いとして、一つの事例である」。そのときの審査員からの評価です。

CI計画などを経験してきたデザイナー的な視点からすると、ブランディングの方法論はすでに確立しています。対象となるのが企業なのか、農家なのかの違いだけです。僕たちは、僕たちなりの方法論が農業などの１次産業や地域の活性化に必ず役に立つ、なぜいままでこのような取り組みがなかったのだろう、それは絶対に必要なことであると強く感じています。

farmstead

これは地方だけの生活や、逆に都会だけの生活を続けていると、わからない感覚です。地方の目線からの自己主張だけではダメ、都会目線の流行の押しつけだけでもダメ。双方のメリットとデメリットをわかったうえで、デザインの仕組みを使って生産者の思いを伝えるやり方は、日本全国各地で必要とされるはずです。

いま、僕たちは特に「農業」にこだわって仕事をしています。なぜそうなったのかを自問自答してみると、「十勝で生まれ育った人間だから」という答えが一番しっくりします。

２０１３年8月に会社組織を立ち上げたとき、本社は当然北海道・十勝の帯広市に、社名には迷わずファームステッドという名前をつけました。ファームステッド（farmstead）というのは、農業を行う場、すなわち農場のことです。

農作物が土から育つように、デザインやブランディングの力を育てていきたい。農業とデザインを結びつけることで、１次産業の世界に新たな価値を誕生させる、そんな気持ちで仕事に取り組んでいます。

右頁上：収穫直前の小麦畑にて。阿部、長岡（左より）
右頁下：株式会社ファームステッドのロゴマーク

HOKKAIDO TOKACHI
Bito
LABORATORY

ブランディング

本山農場
【北海道・美瑛町】

祖父の形見を農業を受け継ぐ「旗印」に

「見せたいものがあるんです」。本山兄弟のお兄さん、忠寛さんが新聞紙の包みの中から取り出してきたのは一本の金槌でした。「ここを見てください、柄のところに丸にモという刻印があるでしょ、おじいちゃんが入れたものなんです。僕はこれをすごく大事にしているんです。これで農場のロゴマークみたいなものを作れませんか」

美瑛町は北海道の地図でいうとちょうど真ん中あたり、大雪山の山々をバックにとても美しい畑が広がる、北海道らしい風景のところです。有名な富良野のちょっと北側になります。

そこでトマトやじゃがいも、玉ねぎ、小麦などを作っている本山農場を訪ねたのはまだ雪深い冬の季節でした。おじゃました自宅のリビングからいままで見たことのないすごい数のビニールハウスと、その向こうにひろがる広大な畑（といっても雪景色ですが）が見えました。

忠寛さんのおじいさんは美瑛に入植し、大変な苦労をしながらも黙々と農業を続け、本

左頁：本山さんの祖父の金槌。柄の先端に丸モの刻印が見える

山農場の礎を築いたと言います。そんな寡黙で誠実な仕事ぶりを子どものころに見て育った忠寛さんはおじいさんが大好きで、その精神を受け継いで自分の代の本山農場を作っていきたい、と思うようになったそうです。

最初に話を聞いたのは、TPPという言葉が現実のものとなりはじめ、高齢化による離農者の増加、耕作放棄地、日本全体の人口減といった農業をとりまく構造的な問題に関する議論があちこちで高まってきた時期でした。

そんな中でおじいさん、お父さんから本山農場を受け継ぎ4代目となる忠寛さんには「農業をやるべきなのか」「本当に農業でやっていけるのか」「何をよりどころにしていけばいいのか」、そんな不安と自問自答があったと言います。「だから何か自分たちのシンボルになるもの、この農場を受け継いでゆくために自分たちを奮い立たせる旗印がほしいんです」。おじいさんの形見の金槌を手にしながらそんな本山さんの熱い想いを聞いてるうちに、その「丸にモ」の刻印を生かした、新しい時代の家紋となる本山農場のシンボルマークのデザインが浮かんできました。

伝統的な家紋や屋号のような骨太の力強い丸のなかにカタカナの「モ」をデザイン化したものを配置しました。美瑛の大きな青空を見上げ、上へ上へと発展していく、そんなイメージで角度をつけてどっしりとしつつ、ダイナミックな動きを感じさせるものです。色

本山兄弟。左が長男・忠寛さん、右が次男・賢憲さん

MOTOYAMA
FARM
BIEI HOKKAIDO

はシンプルに白地に黒、小麦畑にも映える、未来への「旗印」ができあがりました。

ダンボール箱は農家の「顔」

本山農場では自分たちが手塩にかけて育てたじゃがいもやトマト、たまねぎといった野菜をインターネットで直接販売しています。「野菜を入れるダンボール箱は農協の資材ショップに買いにいきますが、それには当然農協の名前が印刷されているんです」。農協の段ボール箱には、その地域の農産物が生産者の区別なく入れられます。その箱に自分たちの技術、想い、手間ひまがいっぱい詰まった作物を入れて送ることが「どうしてもいやなんです」と忠寛さん。

そこで丸モマークを大胆に、白いダンボールにプリントしたものを作りました。その箱を納品すると、さっそく本山さんから見たこともないくらい立派なタマネギやじゃがいもやニンニクが送られてきました。写真に撮ってSNS上で公開すると、「こんな箱で届くなら自分も欲しい！」と多くの方からコメントが返ってきました。正真正銘、本山農場の大地からの贈り物とひとめでわかります。ダンボール箱は、農家の「顔」なのです。

MARUMO
MOTOYAMA FARM
BIEI HOKKAIDO
本山農場
5kg
玉ネギ
ジャガイモ
本山農場

本山農場
美瑛・北海道
http://motoyamafarm.com
BIEI HOKKAIDO
MOTOYAMA FARM
MARUMO
MOTOYAMA FARM
BIEI HOKKAIDO
本山農場
美瑛・北海道
BIEI HOKKAIDO
MOTOYAMA FARM
MARUMO
MOTOYAMA FARM
SINCE1923
玉ネギ
ジャガイモ
5kg
本山農場
MARUMO
MOTOYAMA FARM
BIEI HOKKAIDO
本山農場
美瑛・北海道

MARUMO
MOTOYAMA FARM
BIEI HOKKAIDO
本山農場
SINCE1923

農場の看板を作る

「看板を作りたい」

ロゴマークができて1年たったころ、本山さんから依頼がありました。農場の看板といえば北海道ではカントリー調のファームサインをロードサイドによくみかけます。それらはどれも同じようなスタイルです。もちろんロゴマーク主体のものはほとんど見かけません。なので丸モマークを大きく使った、他とは違うものがいいのではと考えました。カントリー調ではなくてスタイリッシュなものがあってもいいじゃないか。白と黒の基本カラーを生かしたモダンなデザインの看板が農場の入り口に出現しました。マークの部分は立体的になっていて、ＬＥＤライトで夜は光ります。

実はこの看板、幹線道路からはずいぶん入ったところにあって、ふつうに通ってもほとんど見ることはできません。これを一番見ているのは本山さん本人でしょう。毎日丸モマークの看板の横を通って農場へでかけ、自宅に帰ってくる。費用をかけてでも、看板をたてた本山さんの、この地で農業を受け継ぐ意志が感じられます。

本山農場
〒071-0236　北海道上川郡美瑛町美沢早崎
TEL：0166-92-2443
http://motoyamafarm.com/

チャレンジし続ける酪農家の商品群が一つの「顔」に

ブランディング

ハッピネスデーリィ 嶋木牧場 【北海道十勝・池田町】

６次産業という言葉は、この人のためにあるのではないかとさえ思っています。北海道・十勝、池田町で１２０年続く牧場を経営し、その生乳を使ってジェラート、ソフトクリーム、ナチュラルチーズ、プリン、ピザなどの加工品を作っているのがハッピネスデーリィ嶋木牧場の嶋木正一さんです。

酪農家が自らジェラートやチーズを作る。いまでは珍しくもないですが、嶋木さんがそれをはじめたのは27年前。誰もそんなことは考えたことがない、なぜ農家がそんなことをやるの？　と言われた時代に、ジェラートマシンをイタリアから輸入し製造を開始したのです。６次産業なんて言葉がなかった頃から、その先駆だったわけです。

デザイン・ブランディングの仕事を一緒にやっていこうとなると信頼関係の構築が大事になっていきます。ある人に紹介された嶋木さんから牧場のアイスクリームを食べながらじっくり話を聞き、建物を出た帰り、ふと振り返るとそれは美しく晴れ上がった空に白樺の木々、その大自然をバックにしたアイス工房。感動のあまりｉＰｈｏｎｅで撮影

ハッピネス
デーリィは
牧場です。
Happiness Dairy
ハッピネスデーリィ　嶋木牧場
北海道・池田町

HOKKAIDO TOKACHI IKEDA
Milk
Cookie Cream
Chocolate
ミルク&クッキークリーム
チョコレート
HAPPINESS DAIRY
HAPPINESS
DAIRY
牧場のミルク
CAMEMBERT CHEESE
カマンベールチーズ
森のカムイ
森のしずく
ラクレット
CHEESE SOUFFLE
CHEESE SOUFFLE

した写真を、後日嶋木さんに送りました。「こんな青空の写真はいままでに見たことがない、これでぜひポスターを作りたい」。そんな返事が返ってきました。

ハッピネスデーリィという名前は、アメリカでファームステイをした嶋木さんが考えたブランド名ですが、年月がたつとともに「アイスクリームメーカーですか」といった誤解が生じるようになりました。酪農家が自らの手で、牛舎と同じ敷地にある工房で作っているジェラートの価値を伝えなければと考え、「ハッピネスデーリィは牧場です」というストレートなコピーを入れたポスターを考えました。

統一デザインでブランド感を構築

ひとことで言えば嶋木さんはチャレンジの人です。牧場を訪ねると、いつも新しい企画の話がどんどん出てきます。常に新しいアイデアを試行錯誤するその姿勢は、尊敬に値することです。しかしその結果、商品の種類は月日とともに増え、その都度デザインをいろいろなところに依頼していたため、全体を見るとちぐはぐな印象の商品群になってしまっていました（口絵5頁も参照）。

テーブルの上にひろげてみると、さまざまなテイストのデザインによるパッケージが並

右頁上：デザインを統一した商品たち
右頁下：シンボルカラーのクリムソンレッドを使ったロゴマーク

HAPPINESS DAIRY
牧場のコーヒー
嶋木牧場
北海道十勝 池田町
HAPPINESS DAIRY
牧場のミルク
てんさいオリゴ糖入り
嶋木牧場
北海道十勝 池田町
HAPPINESS DAIRY
牧場のミルク
北海道十勝 池田町 嶋木牧場

HOKKAIDO TOKACHI IKEDA
HAPPINESS DAIRY
SINCE 1970
CAMEMBERT CHEESE
High Quality Dairy Products
Visit Our Dairy Farm
カマンベールチーズ
嶋木牧場
北海道十勝 池田町

HOKKAIDO TOKACHI IKEDA
HAPPINESS DAIRY
HOKKAIDO
嶋木牧場のチーズスフレ
TOKACHI IKEDA
CHEESE SOUFFLE
HAPPINESS DAIRY
SINCE 1970
HOKKAIDO TOKACHI IKEDA
HAPPINESS DAIRY
SINCE 1970

バニラ
北海道十勝 池田町
嶋木牧場
HAPPINESS DAIRY
アイスクリーム

ぶために、とても同じ製造元の商品には見えません。これではジェラートを美味しいと思ってくれた人が隣のチーズも買おう、と思ってくれない。ブランド価値が生きてこない状態となっていたのです。

既存の商品群のパッケージデザインを変更していくというのは、なかなか大変です。いままで使っていた包装資材もまだまだ残りがあって捨てるのはもったいないないし、一気に変えるのは莫大な費用がかかりますが、全商品を統一ブランドデザインにすることを決意してもらいました。同時に商品数を2分の1に絞り込みました。

最初にとりかかったのは、いろいろな形状や素材からなるパッケージに共通して使うことができ、全体を統一できるベースのデザインです。ハッピネスデーリィ・ブランドのロゴマーク、デザイン要素、そしてカラーを決めていきました。赤はミルクの白を引き立たせ、鮮度を感じさせる色です。それをもとに2年の年月をかけ、統一デザインの作業が完了しました。その結果、商品群のまとまりは一目瞭然です。百貨店などのバイヤーからも好評をいただけるブランド感、つまりハッピネスデーリィの「顔」を構築することができました。特に女性からは圧倒的な支持を受けています。

デザインの変更だけで2倍売れたチョコレート

ハッピネスデーリィには、たくさんの観光客がジェラートを食べにやってきます。お土産品も必要ということで、製菓工場に頼んでチョコレートの詰め合わせを作っています。ジェラートやチーズと違い、さりげなく売り場に置いてあるだけの商品です。

このチョコレートもデザイン統一の一環で包装紙だけをリニューアルしました。1年が経過したころ、製造してもらっている製菓工場から電話がかかってきました。「チョコレートの出荷数を集計してみたら昨年の1・5倍になってますよ!」。中身も変えず、売り場も売り方も変えず、変わったのは包装紙のデザインだけ。デザインの変更でどれだけ売れるようになりますか、という質問をよくいただきますがその効果測定はなかなか難しいものです。しかしこの場合はデザイン以外に変わったところはありません。牧場を訪れた人がお土産にふさわしいと思うようなイメージを、うまく視覚化できたのだと思います。

その1年後に、また前年の1・5倍に売上が伸びました。2年でだいたい2倍になった計算です。このチョコレートの品質は北海道を代表する一品ですが、これまで大手にブランド力で負けていました。いまでは売上面でも大手に追いつくほどの、まさにデザインの力を感じさせてくれる商品となりました。

２倍売れるようになったチョコレート

有限会社ハッピネスデーリィ / 嶋木牧場

〒083-0002　北海道中川郡池田町清見 104-2
TEL：015-572-2001　FAX：015-572-2012
http://happiness-dairy.com/

次の世代に渡してゆく誇り 新しい農場の団結のしるし

尾藤農産【北海道十勝・芽室町】

ロゴマーク作成

尾藤光一さんの農場・尾藤農産を訪ねると、日本ではめったにみることのできない巨大なトラクターが出迎えてくれます。そのトラクターで東京ドーム21個分という気の遠くなるような広大な畑を縦横無尽に耕し、小麦、豆、長芋といった作物を生産しています。なかでもじゃがいもの美味しさは、ミスター・ポテトの異名をとるほどの名人級です。

尾藤さんは農業人にはめずらしく多弁な方です。新聞に連載をもち、SNSでの発信も巧みです。東京で開催した農業とデザインをテーマにしたイベントの、僕たちが司会進行役を務めたトークショーにも出演していただきましたが、農業の現場からの声をおもしろく、わかりやすく伝えてくれる弁舌さわやかな語り口には脱帽します。北海道・十勝の農業者や経済界の集まりではいつも中心になり、オピニオンリーダー的存在です。

そんな尾藤さんからの依頼は、新しく作った加工場のためのロゴマークの作成でした。自慢の野菜を使ってピクルスなどの加工品を作るために、農場の一角に工場を新設したのです。そこで試行錯誤しながらでも製品作りをしていこうということで、ラボラトリー（研

HOKKAIDO TOKACHI

Bito

LABORATORY

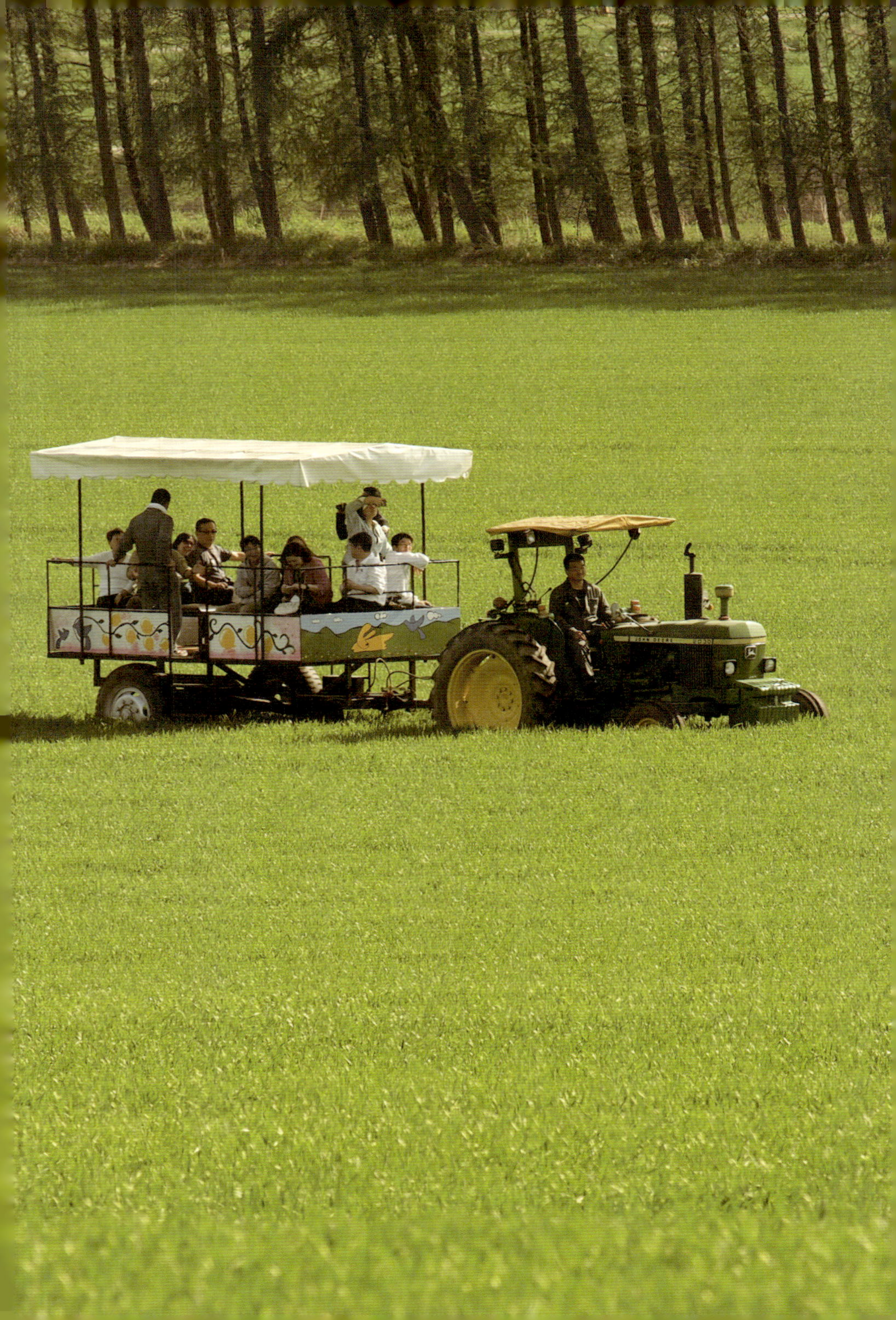

究所）と名付けました。

広大な畑の風景をイラスト風にあしらい、ロゴは尾藤さんの印象そのままに力強い筆文字の英文書体です。こういう場合は文字の勢いが大事なので何回も書き起こし、２００回以上書いたものから一番いいものを選びました。

できあがったロゴマークはピクルスのラベルやギフトボックス、紙袋にも印刷し、それら商品は地元芽室町の産直市場「愛菜屋」でも販売されています。

農場の加工事業を成功させるために

北海道を開拓した先人から数え、４代目。「１１０年続いている農家として、５代目となる次の世代のためにいまの自分たちの仕事を楽しく、誇りあるものにしてあげたい。自分たちの生産したものを食べた人から、それが美味しかったと言われるような環境作りをしてあげたい。そのためには加工によって農場としての商品を作らなければならない。それを成功させるためにはデザインやブランディングも大切です」。尾藤農産のスタッフのツナギにはロゴマークがプリントされています。「これは農場の団結のしるしだね」と尾藤さんは話してくれました。

有限会社尾藤農産
〒082-0009　北海道河西郡芽室町祥栄西18線15番地
TEL：0155-62-8340　FAX：0155-62-8340
http://www.bitou-nosan.com/

右頁：ゲストを小麦畑に案内する尾藤さん

福田農場
【北海道十勝・本別町】

ロゴマーク作成

この土地で持続可能な農業を行うこだわりと決意を表現

福田農場が位置するのは北海道・十勝の北部、本別町の美蘭別《びらんべつ》という地区です。山がちの地形に加えて、一枚一枚の畑が不定形で土壌も異なる、とマイナスな条件が重なる土地です。そんな畑を先代から受け継ぎ、数々の苦労を乗り越えながらもこの地で畜産、畑作を続けている福田博明さんは、しかしだからこそこの土地で農業を続けていくことに意味があると言います。土壌成分分析にコストをかけ、自然の理にかなった健康的な土作りにこだわり続けている。それは、真の意味での持続可能な農業そのものと言えます。

農場のロゴマークを作ったからといって、劇的に売上が伸びるわけでもなく、多くの人の目にふれるわけでもありません。だからこそ、デザインを依頼してくれた福田さんの想いを形にすることには特別な意味がありました。この地に根ざすことの決意と誇りを表現するために、ＢＩＲＡＮＢＥＴＳＵの文字をマークに組み込みました。ロゴマークができたことにより、自家製の肥料の商品化、自家の肉牛「美蘭牛福姫」のブランド化など新しい展開が見通しやすくなり、福田農場の事業化も順調に進んでいます。

有限会社福田農場
〒089-3284 北海道中川郡本別町美蘭別486-1
TEL：0156-23-2074

BIRANBETSU

FUKUDA

FARM

SINCE1960

6人家族、団結の絆をロゴマークに託して

十勝とやま農場
【北海道十勝・帯広市】
ロゴマーク作成

農業に関して進んだ考え方を持って実践している十勝とやま農場の外山隆祥さんには、僕たちからデザイン・ブランディングの提案をしました。

農業の現場は地域性もあって閉鎖的なことも多いですが、そんな中でも自分たちから情報発信し、外の世界からの人を受け入れ交流する、新しい考え方を持った生産者も確実に存在します。隆祥さんは、まさにそんな進んだ考えの農業者の代表的な存在と言えます。

北海道帯広市の川西地区で100年にわたり農業を続けてきた農家の5代目となる隆祥さんは、豆、小麦、ビート（甜菜）、じゃがいもなどを主に大規模農業によって生産している、北海道・十勝地方の典型的な専業農家です。観光農園ではないのにホームページに書いてある言葉は「農場におこしください」。生産者と消費者がともに育てる農場作りをコンセプトに、収穫体験など農場を知ってもらう体験イベントを開催しています。農業実習や修学旅行生などを受け入れるファームステイ（農家民泊）も行っています。

隆祥さんは早くにお父さんを亡くされています。20代半ばで農場を受け継いだ隆祥さん

母・外山聖子さん、隆祥さん、祖父の徳男さん

TOKACHI
TOYAMA
FARM

SINCE 1917

TOKACHI
TOYAMA
FARM

は、お父さんの遺志を大切に継承しながらも、土壌分析をもとにした土作り、加工と販売も行うなど、新しい時代への取り組みを次々と実践しています。農場に何度も伺ってお話を聞いているうちに浮かび上がってきたのは、亡くなったお父さんの遺志を継承し全員で力を合わせようという「家族の力」への信頼です。隆祥さんは４人兄弟。お母さん、そして亡きお父さんの想いもふくめて６人家族。そこからシンボルマークの基本の形を６角形にしようというアイデアが浮かびました。６人の絆を６角形で表現し、とやま農場の「ト」をデザイン化した線は畑の中の道をイメージしたものです。

菜の花畑のステージでの結婚式

２０１４年、外山隆祥さんは暁子さんと結婚しました。その結婚式は十勝とやま農場のど真ん中、菜の花が咲き乱れる畑で行われました。特別に設置したステージには農場のロゴとシンボルマークが印刷された巨大なシートが。新しい家族が増えてより広がりのある形になってゆくであろう十勝とやま農場。そこには、６角形のマークが輝いています。

十勝とやま農場
〒080-2106　北海道帯広市美栄町西６線128番地
TEL：0155-60-2110　FAX：0155-60-2110
http://www.toyama-nojo.net/

十勝アルプス牧場
【北海道十勝・清水町】

パッケージデザイン

絶景が見えてくるネーミング 有名雑貨店も注目

ああ、これはもう日本の風景じゃない、まるでスイスのアルプスの絶景だ。北海道清水町の橋本晃明さんが経営する橋本牧場からの眺めを見たときの印象です。鮮やかな緑の牧草地、ゆったりと寝そべったり、草を食べたりしている牛たちは、茶色く可愛い顔をしたブラウンスイス種、その向こうにそびえる日高山脈、そして抜けるような青空。

ミルクジャムとアイスクリームを自分のブランドで発売したいと相談を受けたとき、はたと困ったのがネーミングです。橋本牧場という同名の牧場はたくさんあり、何か特徴的で記憶に残るものが必要と感じました。そこであの絶景を生かす「十勝アルプス牧場」というネーミングを考え、シンボルマークも可愛い子牛のイラストにしました。

印象的なマークをデザインした新しいパッケージでのぞんだ展示会で、この商品に目をとめた人がいました。全国各地の雑貨や食品を扱う有名雑貨店「中川政七商店」のバイヤーです。いまでは十勝アルプス牧場のミルクジャムは、東京駅前の商業施設KITTE内のお店にも置かれています。

十勝アルプス牧場
〒089-0103 北海道上川郡清水町字清水第6線31番地
TEL：0156-62-3327
http://www.tokachi-alps.com/

上：日本離れした放牧風景
下：左がミルクジャム、右があずきミルクジャム
次頁見開き：橋本夫妻、牛とも仲良し

大石農産【北海道十勝・大樹町】

トレーラーデザイン

街道をゆくトレーラーで商品ではなく地域をアピール

全国を歩いていると、時として規格外の心のスケールを持った人と出会うことがあります。共通しているのは、自分の存在を声高にアピールすることはなく常に控えめである、大変な苦労をしてるにちがいないのだけれど、そんなそぶりは見せず淡々と仕事をやっているということ。

大石富一さんは、北海道・十勝の大樹町で大根を作っています。その大根はすべて首都圏への出荷用です。輸送はチャーターした20トンの専用トレーラーで一日一便、自前で行っています。大根を満載したトレーラーは街道を走り、峠を越え、苫小牧からフェリーに乗り茨城県の大洗に到着、そこから都内に入り、太田市場、浦和市場などに運ばれます。

大石さんから依頼されたのは、このトレーラーの荷台のデザインでした。大石さんの大根は清流大根というブランド名で出荷されています。この大根をデザインすればいいのかな、と思って農場に伺った際に出された条件は意外なものでした。

自分の商品を宣伝するのではなく地域をアピールしたい、地元の農業全体を発信したい、

有限会社大石農産
〒089-2113 北海道広尾郡大樹町芽武 83-2
TEL：01558-7-7008 FAX：01558-7-7387
http://www.oishinosan.co.jp/

それをトレーラーにデザインしてほしいというのです。もちろん費用は自前です。こんなことを考える人がいることが驚きでした。このトレーラーは長い距離を駆け抜けます。船に乗り、高速道路を通って東京の首都高速を走ります。その過程で荷台を見た人に「お、何だ？」とまずは思ってもらえるよう、ありきたりな写真などはやめてブルー一色のカンバスに十勝地方の代表的な農産物をシルエットで描きました。

さらに北海道・十勝をアピールしたいという大石さんの想いに応え、２代目のデザインができました。今度は十勝平野の畑の模様「大地のパッチワーク」をデザイン化したものです。１代目、２代目のデザインのトラックが今日も関東に向かって、大石農産の清流大根を積んで走ります。

大石さんのこの快挙は地元の新聞でも大きく取り上げられ話題となりました。

上：２代目のデザイン「大地のパッチワーク」
次頁見開き：十勝の農産物をデザインした１代目のトレーラー

POTATO
KOMUGI
PRESS

HOKKAIDO 十勝
TOKACHI FOOD
TOKACHI
SEIRYU
DAIKON
MILK
MAME
BEE

多田農場【北海道十勝・池田町】

ロゴマーク作成

先祖代々の家紋をひとめでわかる現代的なシンボルに

農家はほとんどが家族経営です。ロゴマークを作るということは、その家の象徴を作ることになります。まさに現代の家紋をデザインすることに他なりません。

北海道池田町で小麦、ジャガイモやかぼちゃ、とうもろこしなどの作物を栽培している多田農場。加工にも取り組んでいて、農場内の加工所で手作りのフライドポテトやじゃがもち（じゃがいもからつくったもち、北海道ローカル食）などを作って冷凍で販売しています。なかでも希少品種こがね丸のフライドポテトは絶品。この品種のことも、多田さんとのお話のなかで知りました。そんな多田さんからファックスで送られてきたのは、先祖代々の家紋でした。「これがシンボルマークになりませんか」。この家紋をデザインし直すことは、とてもおもしろい試みだと思いました。そこに現代的なロゴタイプを組み合わせました。

できあがったシンボルマークは、加工品のラベルに統一デザインとして使用しています。地元の生協で販売されているたくさんの商品が、ひとめで多田農場さんのものとわかるようになり、札幌などにも販路は広がりつつあります。

多田農場／株式会社地恵贈
〒083-0042　北海道中川郡池田町字千代田615番地
TEL：015-572-8333

多田農場
十勝・池田

TADA FARM
多田農場
十勝・池田
手づくり
フライドポテト
（インカのめざめ）
TADA FARM
多田農場
十勝・池田
手づくり
フライドポテト
（こがね丸）
TADA FARM
多田農場
十勝・池田
フライド
パンプキン
TADA FARM
多田農場
十勝・池田
いも団子
TADA FARM
多田農場
十勝・池田
かぼちゃ
団子
TADA FARM
多田農場
十勝・池田
じゃがもち
TADA FARM
多田農場
十勝・池田
手づくり
フライドポテト
（きたあかり）

十勝ヒルズ【北海道十勝・幕別町】

ブランディング

農業と観光と食の体験を統一されたイメージで提供

北海道の十勝平野を望む小高い丘。そこは花と農と食のテーマパークをコンセプトにした景色の美しいガーデンで、その広い敷地のなかに自家農場があり、地場産の素材を提供する本格ファームレストランがあります。運営をしているのは、地元十勝で豆の卸売業を手がける株式会社丸勝。農業の現場を知り尽くした会社が手がける、農業と観光と食を組み合わせた施設です。

もともと豆から作る酢や、豆のジャムといったユニークな加工品を製造していましたが、統一されたブランド名やロゴマークもなく、ばらばらな印象でした。そこでガーデン観光を本格的にやっていこうというタイミングで、施設を訪れた人がお土産も買って帰るよう、効果的なデザイン・ブランディングを考えることとなりました。

敷地に生えるシンボルツリーをデザインしたマークを作り、加工品はすべて「十勝ヒルズ」ブランドとすることになり、パッケージデザインも統一されました。商品にはスープ、ハムなど肉の加工品なども追加され、観光客のお土産としても好評です。

十勝ヒルズ
〒089-0574　北海道中川郡幕別町字日新１３－５
TEL：0155-56-1111
http://www.tokachi-hills.jp/

TOKACHI HILLS

TOKACHI
HILLS
HOKKAIDO

TOKACHI HILLS HOKKAIDO
コーンスープ
TOKACHI HILLS HOKKAIDO
コーンスープ
TOKACHI HILLS

豆のジャム ココア
TOKACHI HILLS
TOKACHI HILLS HOKKAIDO
ブルーベリージャム
TOKACHI HILLS
TOKACHI HILLS HOKKAIDO
ガーリックとナスのディップ
TOKACHI HILLS HOKKAIDO
豆のジャム シナモン
TOKACHI HILLS
TOKACHI HILLS HOKKAIDO
ハスカップのジャム
TOKACHI HILLS
TOKACHI HILLS HOKKAIDO

Tokachi Hills Pure Vinegar
きんとき豆の酢
北海道十勝産
TOKACHI HILLS
HOKKAIDO
Tokachi Hills Pure Vinegar
白いんげん豆の酢
北海道十勝産
TOKACHI HILLS
HOKKAIDO
Tokachi Hills Pure Vinegar
小豆の酢
北海道十勝産
TOKACHI HILLS
HOKKAIDO

カントリーホーム風景
【北海道十勝・鹿追町】

ロゴマーク作成

牧場で手作りされていることがしっかり記憶に残るように

ちょっと変わった名前です。でもれっきとした牧場です。カントリーホーム風景がある北海道・十勝の鹿追町《しかおいちょう》は、牧歌的な景色が広がる美しい町。白樺の並木を横目に牧場を訪れると、出迎えてくれるカフェの建物もその名の通りカントリー調でかわいい。北海道に来た、と実感させてくれるところです。

牧場で手作りされているのがヨーグルトです。新鮮な牛乳から作られるヨーグルトを手に、牧場の販売担当である次男の清水伸哉さんがデザイン相談会に来てくれました。

百貨店などで行われる北海道展は人気があるため、いつも全国のどこかで開催されています。その催事を渡り歩いて販売をし、数か月自宅に戻らないなんてこともある、まさに全国を転戦しています。そんな中でのいま一歩のアピールのなさ、統一感に欠ける感じに清水さんは悩んでいました。これでは自信をもって商品をお客さんにおすすめできません。心のなかの疑問符は必ず表情に表れ、お客さんに伝わってしまいます。清水さんは、カントリーホーム風景の強力なブランドを作る必要を感じました。

TOKACHI SHIKAOI

SINCE 2000

カントリーホーム風景

十勝 鹿追町

牧場てづくり
のむヨーグルト
TOKACHI SHIKAOI
SINCE 2000
カントリーホーム風景
十勝 鹿追町
牧場てづくり
のむヨーグルト
TOKACHI SHIKAOI
SINCE 2000
カントリーホーム風景
十勝 鹿追町

とはいえ、どぎついラベルやパッケージを作るということではありません。あの牧場の風景の中にそっとおかれたとき、最後の一つのピースがはまるように完成する何か。あの牧歌的な空気や吹き抜ける風をまとうようなイメージでデザインしたものが、牛舎型の形の中に親子の牛を描いたイラスト入りのロゴマークです。

文字はあえてシンプルに。やりすぎないことも大事です。新しいロゴマークのラベルになったボトルを見た清水さんは「こんなに変わるものなのか、やってみるとわかりますね。これなら売れます！」と力強く言ってくれました。それまでのラベルにはなかった牛のロゴマークが「牧場てづくり」を強く印象づけ、記憶に残るものだったからです。

その後、百貨店での催事用ののれんや、ポロシャツなどのユニフォームにもマークはプリントされ、リピーターのお客さんにも好評だとのことです。

カントリーホーム風景
〒081-0346　北海道河東郡鹿追町東瓜幕西 18 線 28 番地 85
TEL：0156-67-2382　FAX：0156-67-2386
http://www.countryhomefukei.jp/

右頁：全国の百貨店の催事で大人気、牧場てづくりのむヨーグルト
上：牧場併設のカフェもかわいい建物

人柄を表す温かみのあるデザイン オリジナルのダンボール箱で出荷

ロゴマーク作成

山西農園【北海道十勝・帯広市】

農家の山西心豪さんに会うまで、ゆり根というものをきちんと食べたことがありませんでした。ゆり根といえば茶碗蒸しにかけらが入ってるもの、くらいの認識しかなかったです。だから畑を案内してくれた山西さんが話してくれることは、驚きの連続でした。

北海道・十勝の帯広市にある山西農園は、ほぼゆり根専門の農家。地中のゆり根を掘り返して見せてもらうと、大人の握りこぶしよりひとまわり大きい。ゆり根は収穫までに3年かかり、高級品種だと5年というものもあります。しかも、収穫直後は食感も悪いし全然美味しくない。そこから1か月以上熟成させることが重要で、それによってホクホクの甘いゆり根になるそうです。農場でそんな説明をゆったりとしてくれる山西さんは、朴訥とした人柄という表現がぴったりの好青年。そのイメージを大事にして温かみのあるロゴタイプのデザインにしました。

ロゴマーク入りのオリジナルのダンボール箱を納品すると、「これからこの自分の箱で出荷します！」と喜びと誇りにあふれる写真つきのメールが山西さんから届きました。

山西農園
〒080-2117　北海道帯広市太平町西７線144番地
TEL：0155-60-2370

山西農園

YAMANISHI FARM

TOKACHI HOKKAIDO JAPAN

黒にんにくからはじまった「顔」の見える農場ブランディング

パッケージデザイン

菊地英樹農場【北海道十勝・芽室町】

いまや農家レストランなど、農場直営や直接仕入れで新鮮な農作物を提供する「ファーム・トゥ・テーブル」が大流行ですが、十勝・芽室町にある菊地英樹農場の菊地さんはもう20年も前に自らお店を出して昼は農作業、夜は居酒屋をやっていたそうです。

なぜそんな大変なことをやろうと思ったのか。「直接食べてもらえるものを作りたい、食材ではなく食品として提供したい」というのが菊地さんの考えです。菊地さんの栽培している作物はキャベツ、長芋、ごぼう、にんにく、アスパラなどです。どれもすぐに食べられるもの、だから野菜の加工もはじめたのだと言います。

菊地さんからの依頼は黒にんにくのパッケージデザインでした。黒にんにくは普通のにんにくを1か月近くも熟成させて作ります。それを伝えるネーミングとして「大地の熟成黒にんにく」という商品名を提案しました。同時に生産者の「顔」が見えるブランド名として「菊地英樹農場」も提案（それまでは会社名、ファーム・ミリオンを使用）。ブランドができあがったことにより、他にも農場産の味噌や漬物などギフト展開が進んでいます。

菊地英樹農場 / 株式会社 ファーム・ミリオン
〒082-0075　北海道河西郡芽室町坂の上８線３６番地
TEL/FAX：0155-61-5069
http://farm-million.com/

菊地英樹農場
FARM MILLION

北海道十勝めむろ
大地の熟成
黒にんにく
菊地英樹農場
FARM MILLION
北海道十勝めむろ
大地の熟成
黒にんにく
菊地英樹農場
FARM MILLION

北十勝ファーム【北海道十勝・足寄町】

ロゴマーク作成

特徴ある短角牛をデザイン化 展示会でも話題に

北十勝ファームの上田金穂さんと仕事することになったきっかけは、講演会に上田さんが来てくれて、その後の懇親会で隣の席に座ったことでした。これからの牧場経営や販路拡大のためにロゴマークやブランディングが重要であることを、講演で話したことから認識してくれたのです。

ここの牧場で飼われているのは北海道では珍しい短角牛。岩手県の南部牛とショートホーン種とを交配させて日本短角種という名前で誕生した赤茶色をした和牛です。その性格はおとなしく、肉の特徴は霜降りになりにくい赤身肉。ローストビーフに最適ということで加工品としても製造、販売しています。

特徴的な牛の頭の形をシンボルマークとしてデザインしました。毎年東京ビッグサイトで開かれている国産農産物および加工品の展示会「アグリフードＥＸＰＯ」に出展することになり、のれん、ポスターなどのブース装飾一式を新しいデザインで揃えました。ブースはかなりの話題となり、多くのお客さんが足を止めて立ち寄ってくれました。

農業生産法人 北十勝ファーム有限会社
〒089-3735 北海道足寄郡足寄町美盛３番地 19
TEL：0156-28-0021　FAX：0156-25-5455
http://kitatokachi-farm.co.jp/

KITA
TOKACHI
FARM

ブランディング

酪農牧場 ドリームヒル
【北海道十勝・上士幌町】

ふるさと納税の特産品にも スタイリッシュなデザインを

とにかく苦労する6次産業化――そんな地域特産品の世界において、一つの解決策となりつつあるのがふるさと納税制度です。その有効性には賛否両論あるものの、むずかしい販路開拓や営業をやらなくても売り上げにつながるふるさと納税が、光明となっているのはまちがいないでしょう。

そのふるさと納税額で全国第2位なのが北海道・十勝の上士幌町。広大な土地に大規模畑作農場や大規模肉牛飼育農場が点在するまさに北海道らしい町。そのふるさと納税の返礼品として大人気なのが牛肉と、ここ酪農牧場ドリームヒルのアイスクリームです。

北海道1位の出荷乳量を誇り、2300頭以上の牛を飼育しているこの牧場の真ん中に新設されたのがアイスクリームの工房です。ふるさと納税の感謝イベントで新しいデザインのカップをお披露目しました。「スタイリッシュでおしゃれになった」とお客さんからも好評です。この取り組みをきっかけにその他にもプリンのパッケージやギフト箱を新しくするなど、ドリームヒルの商品開発は続いています。

農業生産法人 有限会社 ドリームヒル
〒080-1406 北海道河東郡上士幌町字居辺東 7 線 277 番地
TEL：01564-9-2055　FAX：01564-9-2077
http://www.dreamhill.co.jp/

上：ふるさと納税でも大人気のアイスクリーム
下：ロゴマーク入りの旗を掲げる小椋幸男代表

自分だけのブランド米
ネーミングとデザインで差別化

なかや農場【北海道・東鷹栖】

ロゴマーク作成

どんなに消費が落ちたといっても日本はやはり米の国です。米を作っている農家の数は、他の作物にくらべて桁が二つ以上多い。品種もさまざま、品種改良による新しい米も次々と登場して玉石混交、種々雑多な状況です。そんな中で他の米農家とどう差異をつけていくかは、なかなかむずかしい課題です。

北海道の東鷹栖という地域で米作りをしているのが中谷農場の中谷仁さん。中谷さんの取り組みはなかなかユニークです。地元の農家8人と会社を設立して石蔵を改造したレストランを作ったり、自分でお米を売るために、チラシを制作してポスティングしたり、居酒屋に自分で売り込みに行くのだそうです。

栽培しているのはゆめぴりかとななつぼし、どちらもいま北海道で脚光を浴びている品種です。品種名の他に自分の米作りを差別化できる「顔」が必要でした。雪の多い東鷹栖、石蔵のイメージからネーミングした「雪蔵米」が中谷さんのブランド。オリジナルの米袋、さらにはギフト用のパッケージの制作と新しい試みが進行中です。

なかや農場 / 株式会社中谷米創
〒071-8151 北海道旭川市東鷹栖1線14
TEL：090-6219-0808 FAX：0166-57-3829

雪蔵米
なかや農場

ふるや農園
【福島県・郡山市】

ブランディング

シリーズデザインによってブランド化もスピーディーに展開

福島県の郡山駅から車で30分ほど、里山という言葉のぴったりするところが、ふるや農園です。自分たちは北海道で広大な畑を見慣れているのですが、こんな山あいの里山風景に出会うと、何か懐かしいやすらぎを感じます。北海道に移住してくる前の先祖の記憶なのか、日本人としてのＤＮＡの中にある原風景のようなものなのかもしれません。ふるや農園の降矢敏朗さんは、ここで15代目の農家だそうです。

ちょっとした谷のような坂道を歩いていくと、出迎えてくれるのは放牧されている豚たち。ふるや農園のブランド第1号。「里の放牧豚」です。豚がこんなに人なつこいとは知りませんでした。近づいていくと向こうからも「ぶひぶひ」と言いながら寄ってきてくれます。小高い丘の中腹に穴を掘って寝ていた豚たちも次々と降りてきて、目の前で泥に飛び込みます。豚たちは泥浴びが大好き。そうやって体温調節をするのだそうです。

そんなおだやかな環境の中で、しかもふるや農園で作られている野菜を食べている豚たちなのでストレスがないのでしょう。通常の2倍も長い10か月という飼育期間をへて出荷

左頁上：「里の放牧豚」
左頁下：ブルーベリー栽培も
次頁見開き：勢揃いした「里の」ブランド旗をもつ降矢ファミリー
中左がセツ子さん、右が敏朗さん

FURUYA
FARM
里のブルーベリー
FURUYA
FARM

里の恋いちご
FURUYA
FARM
里の放牧豚
FURUYA
FARM

される豚たちは、アミノ酸の一種であるアラニンが一般的な豚肉の2倍含まれ、旨味が濃く、注文に間に合わないほど人気だそうです。

風評被害に負けず、常にチャレンジし続ける

農園を訪ねるといつも時間があっという間にすぎていきます。敏朗さんの奥様、セツ子さんの口からは、訪れるたびに新しい試みや企画の話がぽんぽんと出てきます。常に前進するパワーと行動力には脱帽です。

反面、数々の挫折も味わったといいます。農場で生産する主要作物は葉もの野菜のサンチュ、カイワレ大根などですが、Ｏ１５７中毒の風評被害でカイワレ大根は壊滅的打撃を受けました。いまから20年前の事件ですが、その影響から完全に回復することはなかったと言います。そして２０１１年3月に起きた東日本大震災による原発事故と、またしても風評被害。でも、そんな逆風を語るセツ子さんの口調はどこかあっけらかんとして、いつも前向き。「やるしかないんだぁ」と新しい試みをブランディングとセットで進めていくことになりました。夏に収穫する苺「里のいちご」をさっそくブランド化、次は「里のブルーベリー」です。

過剰なデザインはいりません。シンプルなロゴタイプにシンプルなイラストの組み合わせ。一つひとつはちょっとおとなしい感じですが、いくつかの里のブランドが並んだときに全体でシリーズデザインとして見えるように考えています。「里の放牧豚」のデザインを見たセツ子さんは「なんか地味だねぇ」と思っていたようですが、展示会のブースが注目を集め、テレビ局が取材に来たり、まわりの若い人から「おしゃれだね」と言われたりということでやはり専門家にまかせるもの、と納得してもらえました。

「いままではチラシのデザインなども自分たちでやっていましたが、素人なのでなかなか大変。それを専門家に依頼することでブランド化もスピード感を持って進めていくことができ、新しいアイデアもプロ同士のコラボレーションですぐに形にしていくことができる。その部分がすごく助かっている」。ふるや農園のセツ子さんはそう語ってくれました。

株式会社ふるや農園
〒963-1241　福島県郡山市田村町川曲字浮内 50
TEL：024-975-2221　FAX：024-975-2229
http://www.furuyanouen.net/

ソムリエ風農家
高級感あるデザインで世界へ

ブランディング

フルーツのいとう園
【福島県・福島市】

伊藤隆徳さんが東京ビッグサイトでの展示会「アグリフードEXPO」の会場に立っているのを見て、眼を丸くしました。白いシャツに黒ベスト、蝶ネクタイに長いギャルソンエプロン。どこから見ても高級フレンチレストランのソムリエです。数か月まえに福島で果樹園を案内してくれた農家のおじさん（失礼！）とはまったく違うイメージでの登場です。

フルーツのいとう園は飯坂温泉の近くにあります。この地帯ではさくらんぼ、もも、ぶどう、りんごといった果物が作られています。でも地元の方の言葉を借りると、「なんでもあるがすべてが2番手」。たしかにフルーツのトップの産地として、福島の名前はあまり聞きません。そして2011年3月に起こった原発事故での風評被害。伊藤さんの自慢のぶどうも、生の果物では売れなくなってしまいました。

そこで一念発起してはじめたのが巨峰、シャインマスカットといった高級品種を枝付きで干しぶどうにすること。乾燥も自家で行い、なかでも特徴的なのが、小房を二つ付けたデュエット仕立ての干しぶどうです。実をつける前から二つの房になるように剪定して成

上：ぶどう畑の伊藤隆徳さんと奥様
下：展示会でのソムリエ姿の伊藤さんにテレビ局も注目

FRUITS FARM
ITOH
duo de raisins

形し、ていねいに仕立てます。

高級なぶどうを手間をかけて乾燥するのですから、価格を下げることはできません。贈答品としての用途をターゲットとしたブランディングが必要となります。ブランドデザインは黒をベースにし、パッケージは最高級の貼り箱で作りました。パッケージデザインやロゴマークも品格のあるものになり、伊藤さんの「やる気」にも火がついたのでしょう。それが冒頭のソムリエスタイルのコスチュームになったのだと思います。ギフト仕様のデザインになったことにより、シンガポールでの試験販売も可能になりました。それまでは普通の果樹園だったフルーツのいとう園は、加工とデザインで世界をひろげつつあります。

株式会社フルーツのいとう園
〒960-0221　福島県福島市飯坂町東湯野字上岡14番地
TEL：024-563-5512　FAX：024-563-3549
http://www.f-itoen.com/

新規参入の異色の農家をちょっとずらしたカラーで表現

ロゴマーク作成

森農園
【群馬県・高崎市倉渕町】

森さんと出会ったのは、群馬県の前橋市で開催したデザイン相談会でした。そこに現れた森さんは鮮やかなブルーのセーターのおしゃれな若者。農家というイメージとはだいぶ違います。話を聞くとそれもそのはず、もともとは、東京のカメラ店に勤めていたとのこと。結婚をきっかけに、奥さんがやりたかった農業の道に飛び込んだのでした。

そんな森さんがとりだしたのは、食用ほおずき（ケープグーズベリー）。見た目はほおずき市などで目にするものと同じに見えますが、恥ずかしながら食用のものがあることは、それまで知りませんでした。ヨーロッパではポピュラーな食材ですが、日本ではほとんど知られていないのではないでしょうか。

そんな変わったものをなぜ扱っているのか聞くと、「自分たちは新規参入であり、卓越した技術があるわけでもない。普通の農家と同じものを作っても競争はできないので、他にはない特徴ある作物を栽培している」ということでした。なるほど、後に森農園を訪ねた際に見せてもらうと、黒にんじんなど変わった野菜がたくさんありました。その中でも

森清和、有理夫妻

MORI FARM
GUNMA KURABUCHI

MORI FARM
森農園
群馬・倉渕
MORI FARM
GUNMA KURABUCHI
生しょうゆ
MORI FARM
GUNMA KURABUCHI
MORI FARM

食用ほおずきをイチオシにしていきたいということでした。

森さんの農場は群馬県高崎市倉渕町、近くに榛名山がある静かな山あいの里です。ロゴマークは、森さんの頭文字Ｍに榛名山のイメージを重ねることで形作りました。カラーは、農業関係ではあまり使われないターコイズブルーの明るめの色。他とは違う異色の農家を表現するには、ちょっとずらしたこの色のイメージがぴったりです。

毎年、東京ビッグサイトで夏に開催される「アグリフードＥＸＰＯ」は、農家や農業関連の会社が、先進的な取り組みをアピールできる場として知られる農業の展示会です。６次産業化による加工品や自己の農場をブランド化して発信したい出展者が集まります。

森さんも出展するということで、展示会に必要なのれんやのぼり、台につける幕やパッケージの試作品、そしてパンフレットなどをそろえました。展示会出展は有効な手段の一つですが、お客さんにブースに興味を持ってもらい、そこで立ち止まってもらうためにはやはりデザインで統一された販促ＰＲのツールが必要です。森農園の出展ブースは盛況、ケープグーズベリーは、東京の有名フルーツ店や高級スーパーのバイヤーの目にとまり、商談もすすみました。

森農園
〒370-3401　群馬県高崎市倉渕町権田 2914-1
TEL：027-378-2382　FAX：027-378-2382

右頁：食用ほおずき・ケープグーズベリー、榛名山を望む風景、展示会ブース

ロゴマークの入った野菜袋は取引先にもスタッフにも大好評

ロゴマーク作成

久保田農場【群馬県・太田市】

久保田農場の久保田賢治さんとの出会いのきっかけは、前橋市で開催したデザインセミナーでした。農業を通じて人材育成をしたい、野菜も作るが人も作る。そんなユニークな理念を語る久保田さんは、農業者というよりは事業家です。その言葉どおりベトナムやフィリピンから研修生も受け入れています。

栽培しているのはキャベツ、レタス、ブロッコリーなどのいわゆる近郊農業作物。特長は、10年も前から地元のスーパーを中心に直接出荷をしているということ。しかし最近は似たことをやりはじめる同業者も多くなり、自分の農場をもっとアピールする必要を感じて農場のデザイン・ブランディングを依頼してくれました。

頭文字である漢字の「久」をデザイン化したロゴマークを作り、POPとしてスーパーに置いたところ好評を博し、他の店舗からも置きたいということで増刷することに。また、ロゴマークを印刷した野菜袋を見た農場のスタッフも、「これは格好良いですね！」とあきらかに作業のモチベーションが上がったそうです。

久保田農場
〒370-0345　群馬県太田市新田花香塚町 371-3
TEL：0276-56-1921

国際色豊かなスタッフ。旗を持つ左・久保田賢治さん

デザインをきっかけに6次産業化の商品を次々と開発

ロマンチックデーリィファーム【群馬県利根郡・昭和村】

ロゴマーク作成

ロマンチックデーリィファーム、一度聞いたら忘れられない名前です。ウェブサイトの冒頭の書き出しも「約一万年前のメソポタミア時代、人間が動物の乳を利用しはじめたのを起源に」となんだかロマンを誘う文章です。牧場のある群馬県の昭和村は、なだらかな丘陵に広々とした畑作地帯が広がり、遠景にはごつごつとした山並みをぐるりと望む、美しい風景の土地。そんな牧場名がつけられているのも納得です。

農場主の須藤泰人さんに出会ったのは、前橋市で開催したデザインセミナーでのことでした。写真でいろいろ見ていただいた各地の「農業デザイン」の事例が、須藤さんの気持ちを後押ししたようです。もともと須藤さんは親分肌のリーダータイプ。酪農家の労働環境改善を掲げて業界団体を立ち上げたりと、とにかくアクティブ。ロゴマークを作成すると、加工品を作って6次産業化に取り組むなど、やるときめたらそこからは一直線です。ヨーグルト、のむヨーグルト、バター、チーズと次々と商品開発をすすめてゆきました。いまでは須藤さん自らが展示会場に立って、率先して商品の売り込みをしています。

ロマンチックデーリィファーム / 株式会社ミルクロード
〒379-1207 群馬県利根郡昭和村赤城原 914-1
TEL：0278-24-7619　FAX：0278-24-7181
http://www.rdfarm.co.jp/

Romantic
DAIRY FARMS
のむヨーグルト
ロマンチック デーリィ ファーム
500ml
バター
ロマンチック デーリィ ファーム
BUTTER
ヨーグルト
ロマンチック デーリィ ファーム
クリームチーズ
ロマンチック デーリィ ファーム
CREAM CHEESE

Romantic
DAIRY FARMS
ロマンチック デーリィ ファーム

4465
903

山と水のシンボルマークが事業の拡大を後押し

ブランディング

西ノ原牧場
【宮崎県・小林市】

西ノ原《にしのはる》牧場の中西徳人社長とは地元の金融機関の紹介で出会いました。地方の金融機関にとっても顧客へのデザイン・ブランディングの必要性は認識されつつあり、優れた生産者を紹介してくれるケースは多くなっています。

牧場がある宮崎県の小林市は霧島連山のふもと、山並みに夕日の落ちる風景が本当に美しいところです。ここで肉質Ａ５ランクの最高級の和牛を育てる中西社長の言葉を借りれば、この美しい山並みから湧き出る上質の水が牛を育てるのだそうです。山並みと水、シンボルマークのコンセプトはこれで決まりです。シンプルな太い線でデザインしました。

牧場の他に直営の焼き肉店も経営し、新しく直売所もオープン、精肉の販路拡大や高級和牛としての贈答品用途拡大など事業を展開してゆくタイミングに、新しいシンボルマークが必要でした。各パッケージや手提げ袋などの統一デザインをプレゼンテーションした際に「形になってきたなあ」と目を輝かせた中西社長。その後もハム、ソーセージなどの加工品の開発もスムーズに展開することとなりました。

株式会社西ノ原牧場
〒886-0006 宮崎県小林市北西方 1800
TEL：0984-27-1135

西ノ原牧場

知られざるお茶の産地から新しい健康イメージでブランドを刷新

ブランディング

和香園【鹿児島県・志布志市】

鹿児島県はお茶の生産量が全国2位。それは知らなかった、驚きでした。特に鹿児島県の東側、大隅半島の志布志市では大規模なお茶作りが盛んです。それほど生産されているのに、なぜ鹿児島のお茶はあまり知られていないのでしょうか。お茶といえば静岡や京都というイメージです。実は鹿児島は後発のお茶の産地で、平坦な土地を利用することで急速に発展しましたが、原料として他の地域へ送られるものが多いのです。

そんな訳で、鹿児島のお茶は認知度が低く、産地や生産者の名前を冠したブランド化がされていないというのが課題でした。

鹿児島県の東側、大隅半島の志布志市で70年にわたりお茶農園を展開する和香園は、自らのブランド作りに取り組み、新しい製品開発のための研究も重ね、販売施設や、茶葉を材料にした料理を味わえるレストランを企画するなど、先進的なチャレンジをすすめている農園です。特に力を入れている深蒸し茶は、新鮮な茶葉を丹念に蒸した、お茶の持つ色とコクとうま味を存分に引き出した代表作です。

左頁上：よく整備されたお茶畑
左頁下：右は和香園代表取締役 堀口泰久さん、左は息子の大輔さん

緑茶ドリップ
TEAET
PRODUCED BY WAKOEN
TEAET
PRODUCED BY WAKOEN
緑茶
ティーバッグ
TEAET
PRODUCED BY WAKOEN
緑茶
パウダー

その和香園が新しく立ち上げたブランドが「ティーエット」です。背景に、いまの若い人は急須を持っていない、お茶離れがすすんでいるということがあります。それを打開するため、ドリップ、ティーバッグ、パウダー、といった急須がなくても気軽に淹れることができるお茶を商品化し、マグカップなどで手軽に味わえるようにしています。

コンセプトは「お茶×健康」。新しいイメージを生かすため、従来の和風なお茶の世界観とはまったく違ったデザインにする必要がありました。そこから生まれたのが、一芯二葉の新茶の葉のイラストをシンボルマークにしたデザインと、ブランド名「ティーエット」の英文スペル（あとのEが反転していて左右対称になる）を生かした気品のある書体のロゴタイプです。パッケージデザインもそれぞれユニークな形を考え、ブランド全体をつらぬく白地にシンプルな葉の模様とアクセントカラーを基本に、ギフトセットや紙袋までを統一的なイメージでデザインしました。

ニューヨークでは、いま抹茶や緑茶がヘルシーなイメージで注目されています。そのニーズに応える商品をいち早く実現している和香園の「ティーエット」。東京の展示会でも新しいデザインは好評で、首都圏の一流ホテルのショップなどでの発売も決まりました。

株式会社和香園
〒899-7503　鹿児島県志布志市有明町蓬原 758
TEL：099-475-1023　FAX：099-475-1517
http://www.wakohen.co.jp/teaet

右頁：モダンなデザインのパッケージが人気

ニューヨークまで渡るお茶
モダンな新時代の「和」を表現

ブランディング

西製茶【鹿児島県・霧島市】

ニューヨークで日本茶がブームです。しかも抹茶が人気。いくつものおしゃれなショップで抹茶が売られています。その中のどれかは西製茶の西利実さんのお茶かもしれない。名前は出ていないけれど、ほとんどが無農薬、無化学肥料で栽培される西さんのお茶は、鹿児島からはるか海外にも渡っています。

西製茶があるのは鹿児島県の霧島連山のふもと。茶畑に案内されると、きれいに刈り込まれ、美しく管理された風景に圧倒されます。

そこでいろいろな話を伺うのですが、お茶の取引環境が変わってきたこと、市場価格の下落など状況が変化してきていることから、自社商品のブランド化をすすめなければいけないと強く思ったそうです。いままでの一般的な和柄のパッケージからシンプルでモダンな新しい時代の「和」を感じさせるデザインへ（口絵4頁も参照）。西製茶のブランド構築は、これからも時間をかけて進めてゆきます。

有限会社西製茶工場
〒899-6501　鹿児島県霧島市牧園町万膳 798
TEL：0995-76-9303　FAX：0995-76-9408
http://nishicha.com/

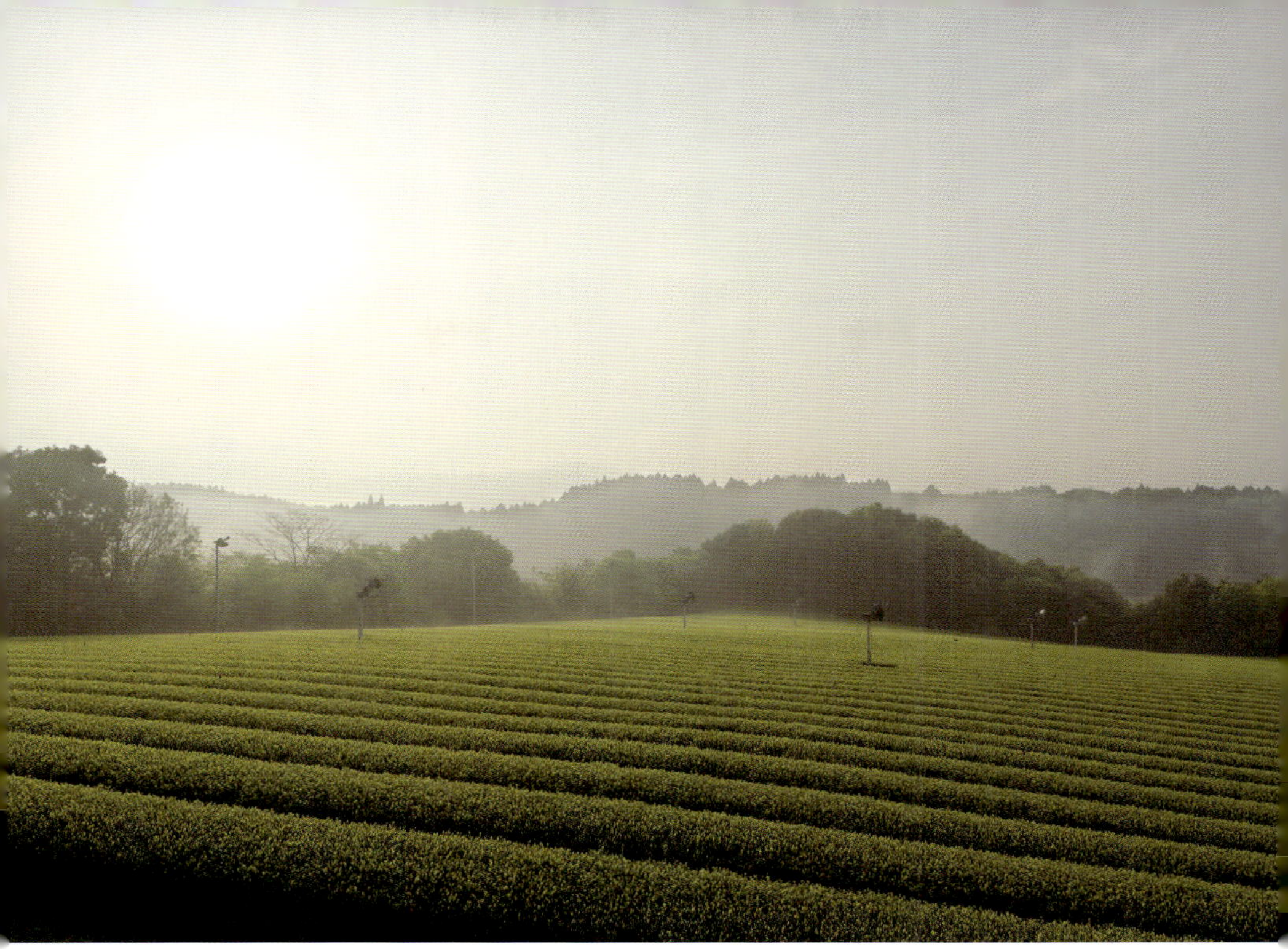

霧島 西茶

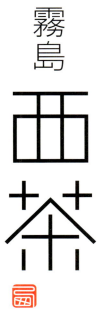

西茶
霧島 西茶
なごみ
霧島 西茶
こころ
霧島 西茶
霧島 西茶

リニューアルされたお茶のパッケージ

かみむろ製茶【鹿児島県・志布志市】

ロゴマーク作成

茶園に掲げる「旗印」掴んだ自分の道への自信

お茶農家、お茶作りといってもいろいろな考え方があります。鹿児島県志布志市にあるかみむろ製茶の上室和久さんはひとことで言うと、まっすぐに王道を行く、正直なもの作りをしているという感じの人です。まじめな人柄、探求心旺盛で職人気質。それがそのままお茶作りへの姿勢、お茶の味に表れています。

規模は大きくないけれども茶園の管理、収穫、荒茶の製造から焙煎まですべて自分の手で行うその品質の評判は高いのですが、優れたお茶を生産していても売り先は市場出荷が多く、上室さんの名前は表にでることなく消費者に渡ることが多いのが現実でした。

新しい事業展開のための工場を建てるというタイミングで、自分のシンボルマークを作り、かみむろ製茶の価値を伝える自社ブランドの構築が必要になりました。

上室さんの頭文字「上」をデザイン化したシンボルマークができました。畑でその旗をかかげる誇らしい姿は意欲にあふれています。自分のお茶ブランドが目に見えるものになったことで自信がもてるようになったのだと思います。

有限会社上室製茶
〒899-7401 鹿児島県志布志市有明町伊崎田 953-1
TEL：099-474-1918 FAX：099-474-0408
http://chanokura.jp/

かみむろ製茶
鹿児島

かみむろ製茶
鹿児島
煎茶 和
煎茶 望
煎茶 匠
深蒸し 夢
玄米茶
ほうじ茶

雪どけの十勝平野

日月潭紅茶

【台湾・魚池郷】

海を越える農業デザイン 台湾に日本人の作った紅茶があった

台湾に高品質の紅茶があることは、あまり知られていないのではないでしょうか。そしてその紅茶を作りあげたのがひとりの日本人であり、その紅茶の生産地では、没後70年になる今日でもその人が尊敬され続けていることも知られていません。台湾の真ん中あたり、台中の標高の高いところに位置する風光明媚な湖、日月潭《にちげったん》の周辺で生産される日月潭紅茶。それを最初に栽培したのは日本統治時代の技師、新井耕吉郎です。現地には資料館が建てられ、耕吉郎の銅像もたてられています。

この紅茶に関わることになったのは、台湾デザインセンターという台湾政府系デザイン振興機構からの紹介によります。ある展示会に出展していたところ、台湾デザインセンターの東京事務所の方が来て農業をデザインするという僕たちファームステッドのコンセプトに興味をもってくれたのが発端でした。

手がけるからには必ず現場に行くのがモットーです。台湾に飛び、紅茶を生産している魚池郷農会（日本の農協にあたる）を訪ねました。そこにあったのは日本と同じ課題。良

台湾中部、日月潭周辺のお茶畑

Sun Moon Lake
Black Tea
SINCE
1938

Sun Moon Lake
Black Tea
YUCHI
FARMERS' ASSOCIATION
TAIWAN
1938
Ruby
Assam tea
Hongyun tea

Sun Moon Lake
Black Tea
1938
YUCHI
FARMERS' ASSOCIATION
TAIWAN

質な産品はあるがデザインがいま一つで消費者にアピールできないというものです。

日本での農林水産省にあたる、台湾行政院農業委員會が毎年開催する農業生産者とデザインを結びつけるプロジェクトに魚池郷農会が選ばれました。そして、その紅茶をブランディングするデザイン会社とのマッチングが行われることになったのです。本来は台湾国内の企業と決まっていたそうですが、日本人が栽培をはじめたという日月潭紅茶のストーリーから、ぜひ台湾の紅茶を日本にも紹介したい、であれば日本の会社にそのデザインを依頼すべきでは、ということで規約を改正して声をかけてもらったのです。

言葉の壁はもちろんありますが、日本でも台湾でも農業に関わる課題は一緒であるという認識を共有した後は、信頼関係を築くのに時間はかかりませんでした。

「農業デザイン」は海を越えても必要とされていたのです。

山の上から見る湖と茶畑の美しい風景はとても美しく、台湾屈指のリゾート地と言われるのもうなずけます。そのイメージと、渋みの少ないすっきりとした紅茶の味わいを表現するため、パッケージデザインには湖の風景のイラストを採用しました。

この日月潭紅茶が日本でも知られるようになり、ひとりでも多くの日本人が日月潭を訪れ、台湾の歴史にも触れてほしい。紅茶をきっかけにした人と人との国際交流が生まれることを何より願っています。

日月潭紅茶
魚池郷農會 /Yuchi Farmers Association
台湾南投縣魚池郷魚池街 439 號
TEL：886-49-289-5505　FAX：886-49-289-8259
http://www.yuchi.org.tw/

右頁：新しくなったパッケージデザイン

十勝の美味しいを美しく発信するデザインにもこだわった地域ブランド

とかちデザインファームプロジェクト【北海道・十勝】

いま、6次産業化が盛んに言われています。それは、「農業を1次産業としてだけではなく、加工などの2次産業、さらにはサービスや販売の3次産業まで含め、一体化した産業として農業の可能性を広げようとするもの」で、1×2×3＝6で6次産業というわけです。要は農家が生産、加工製造、販売まで手がけ、新しいビジネスを創出しようというものです。

農林水産省が推進するこの流れにのり、加工を手がける農家も増えてきましたが、課題は販売の部分にあります。商品というのは製造して物ができあがったところで道半ば、それを包装し、宣伝し、売り込み、販売先を見つけるということをしなければいけません。それ以前に何を、誰に、いくらで売るのか、というマーケティングの考え方も「産業化」には必要となりますが、農作業の片手間や小さな家族経営単位ではそれもままならないのが現状です。

結果、商品を作ってはみたものの売り先が見つからず、とりあえず道の駅や地域の産直

シンプルだが美しいパッケージは
注目度を高める

ギフト化するためにも
統一ブランドは有効な手段

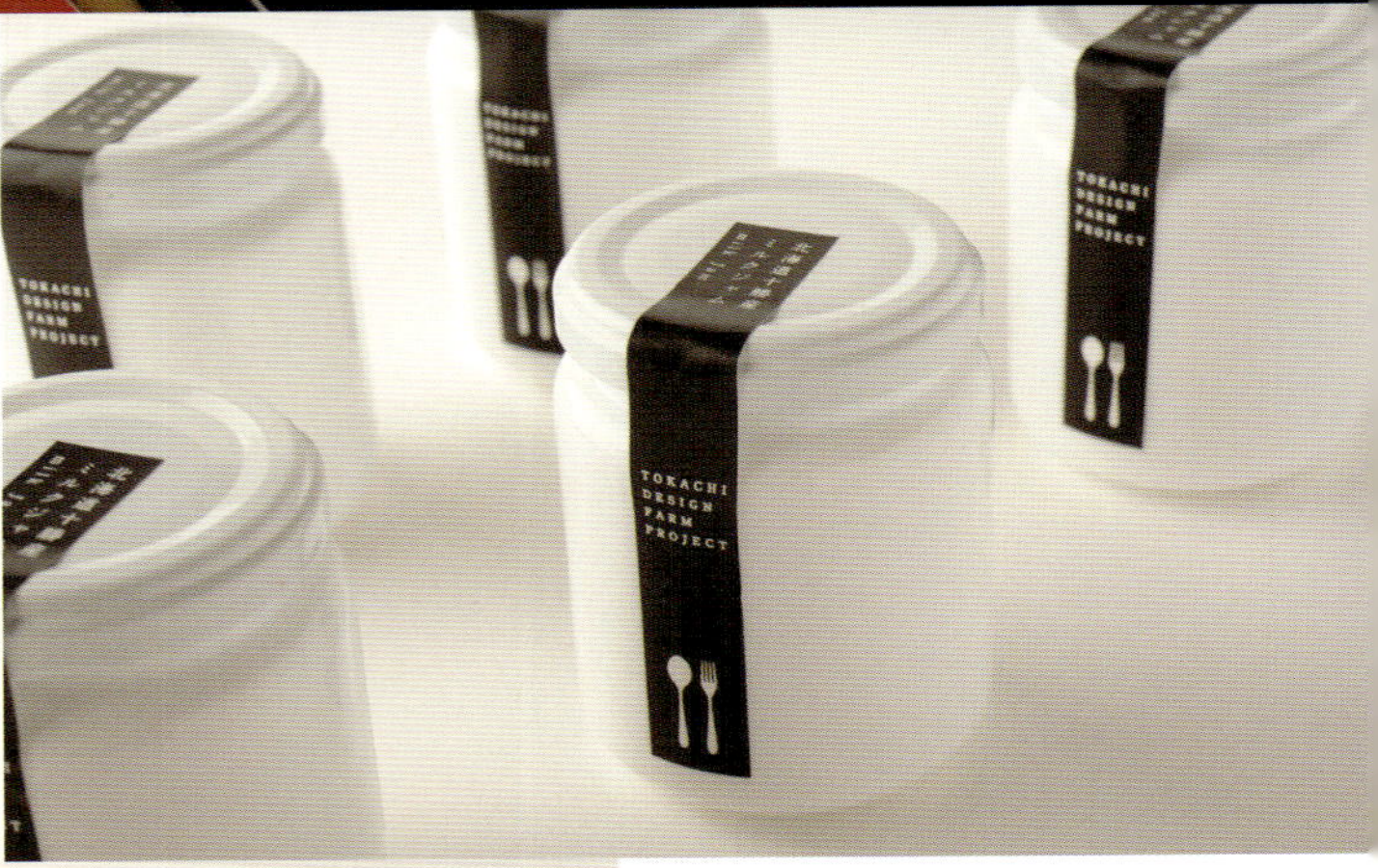

作り手は異なっていても
統一されたデザインで
地域ブランド感を表現している

所で売るだけになります。販路を拡大しようと都市部の商談会に出品しても、商品の種類が少なく、手作りの生産数では大手流通に乗せることもできず、素人デザインのラベルでは売り場には置けないと百貨店のバイヤーに指摘された、ということをよく聞きました。

この課題を解決するために立ち上がったのが「とかちデザインファームプロジェクト」です。「十勝の美味しいを美しく発信する」をテーマに十勝地方で生産されたもの、または加工された高品質な商品を集めた地域産品セレクトブランドの企画です。複数の農家が作る６次産業化での生産品を集め、統一したパッケージデザインを施して、一つひとつの商品を売るのではなく、ひとまとまりのブランドとして発信をしてゆこうというものです。

販売先も従来の百貨店やスーパーではなく、アパレル会社が経営する「ライフスタイルショップ」などをターゲットとしています。従来の流通には乗らないこだわりのある地方の希少な商品は、こういう新しいタイプの売り場で扱われることが多くなってきているからです。

「とかちデザインファームプロジェクト」は、地方における６次産業化へのデザイン・ブランディング対策、地域ブランドの発信やプロデュースの仕方の一つのモデルケースとなるよう実験の場として、ファームステッドが運営しています。

とかちデザインファームプロジェクト
（株式会社ファームステッド）
〒080-0016 北海道帯広市西６条南 13 丁目 11-1F
TEL：0155-67-5821 FAX：0155-67-5841
http://tokachi.theshop.jp/

これからの農業への誇りと情熱をデザインした格好良い農作業着

アグリスタ
【北海道・十勝】

農業に従事する人たちは自分たちが日本の食を支えているという誇りと、本当に美味しいものを消費者に届けたいという情熱を持っています。

毎日着るのが楽しみになるような農作業着を作ることができたら、働く人の誇りと情熱を後押しすることができる。それは、もっと日本の農業を豊かにする力となると思いました。最高のコンディションで臨むからこそ、最高のモチベーションで仕事ができる。そうして成し遂げた仕事が「やりがい」を生みだすのではないでしょうか。農場で働く人のコンディション作りを作業着から追求するために、機能的でファッショナブルでオリジナルな格好良い作業着「アグリスタ」を製作するプロジェクトをはじめました。

このプロジェクトで大事だったのは、農場の人が何を求めているのかということです。それを知らずに、ただ形だけおしゃれなものを作ってもまったく意味がありません。

最初にしたことは、地元の農家に意見を聞くことからでした。アンケート用紙を作成して人海戦術で配り、作業着に何を望むかの意見を集めました。スタートしてから3か月で

農家へのアンケートをもとに、ポケットなど実用的・機能的なディテールが随所に施されている

僕たちの予想をはるかに上回る１８０件もの回答が集まり、多くの農家が興味を持っていることを知ることができました。そこには、潜在的なニーズがあったのです。

アンケートを元に形、機能性、生地などのディテールに関して検討を積み重ね、プロジェクトを立ち上げて1年ほどで、作業着「アグリスタ」が完成しました。

それを農家の人たちに着てもらうと、こんな格好良い農作業着を着るなんて、いままで夢にも思わなかったと、とびきりの笑顔で言ってくれました。

いろいろな人を巻き込んではじめた作業着プロジェクトが、ただ服を作ることだけではなく地域社会のつながりを生み出すことや、新しい農業のあり方を考えるきっかけになったのが何より価値のあることだったと思います。

作業着プロジェクトはその後、北海道・十勝発の農作業着のオリジナルブランド、BEENS FIELD FOUNDATIONや、自分の農場だけの作業着を作ろうという十勝オリジナルウェアといった、農業＋地域＋ファッションの活動として発展しています。

BEENS FIELD FOUNDATION
（株式会社ファームステッド）
〒080-0016　北海道帯広市西６条南13丁目11-1F
TEL：0155-67-5821　FAX：0155-67-5841
http://bff.theshop.jp/
http://tokachioriginalwear.com/

株式会社ファームステッド
農業デザイン・地域産品ブランディング
デザインセミナー＆相談会

デザインが重要なのはわかっているが、まず何からはじめたらよいかわからない。既存のデザインを変えるとどうなるのか実際に見てみたい。そのような農家や生産者の要望に応えるために講演会方式でデザインセミナーを開催しています。セミナーといっても難しい話ではなく写真スライドで各地の事例を数多くみてもらう形なので、わかりやすいと好評です。また、農場のロゴマークを作りたい。商品パッケージのデザインを変えたい。こういったことを気軽に相談して頂ける無料デザイン相談会を行っています。

セミナーと相談会を同時に開催することで大きな効果が上がります。ファームステッドの共同代表である長岡淳一と阿部岳が実際にお伺いします。

無料デザイン相談会

●デザインセミナー＆相談会 開催実績

3年間で60回開催
日本全国、北海道から九州まで約30か所
参加人数延べ3500人

2015/4/24	北海道	北見市	北海道中小企業家同友会オホーツク支部
2015/6/19	北海道	根室市	北海道根室振興局
2015/7/23	鹿児島県	鹿児島市	ファームノートサミット / 株式会社ファームノート
2015/7/30	鹿児島県	鹿児島市	鹿児島市役所
2015/8/5	群馬県	前橋市	日本政策金融公庫 前橋支店
2015/8/12	北海道	芽室町	芽室町役場
2015/8/27	福島県	福島市	株式会社トーホー産業
2015/10/28	広島県	広島市	日本商工会議所
2015/10/29	徳島県	徳島市	徳島県、日本政策金融公庫徳島支店、(公財)とくしま産業振興機構
2015/11/4	北海道	根室市	北海道根室振興局
2015/11/6	北海道	帯広市	北海道中小企業家同友会
2015/11/9	北海道	新冠町	HIDAKA おもてなし部会
2015/12/1	島根県	松江市	国民生活金融公庫 松江支店
2015/12/7	北海道	札幌市	北海道総合政策部人口減少問題対策局 集落対策・地域活力グループ
2016/1/27	福島県	福島市	日本政策金融公庫福島支店
2016/1/28	徳島県	徳島市	徳島県農林水産部もうかるブランド推進課
2016/2/4	東京都	東京ギフトショー	株式会社ビジネスガイド社
2016/3/28	北海道	今金町	今金町山村活性化地域協議会事務局
2016/5/16	東京都	ぐるなび本社	株式会社ぐるなび

【デザインセミナー＆相談会 開催のお問合せ先】
株式会社ファームステッド （担当 小野寺）
TEL : 0155-67-5821　FAX : 0155-67-5841　E-mail : onodera@farmstead.jp

デザインセミナー

あとがき

中国の上海から戻る飛行機の中で、このあとがきを書いています。

北海道・十勝からはじめた農業とデザインを結びつけるファームステッドの活動は、いつのまにか海を越え、中国にも足を延ばすことになりました。

訪問したのは、中国といっても最も西に位置する新疆ウイグル自治区。まわりを砂漠にかこまれた広大な農地で作られるのは気候に適したナツメ、ぶどう、クルミ、スイカなどです。

飛行機を乗り継ぐこと12時間、そこから車で砂漠地帯を2時間。気候風土は日本とは比べることができないほど違っています。

ですがそこにも厳しい自然と向き合い、より良い生産品を作ろうと知恵をしぼり、努力する農業人がいました。その方は、とても大粒で甘いナツメを作っていました。太陽光発電で虫を集める機器を設置して農薬の散布を最低限に抑え、砂地に有機肥料を施す試みを続けています。農業へのひたむきな姿勢に国境などないことを感じました。

そしてそのナツメを、いま中国でさかんなインターネット通販で販売し成功している会社がありました。新しいＩＴ技術で農産物を売ることで、農家の環境と暮らしを改善してゆきたい。中国の農業をもっと発展させたい、と熱く語ってくれました。こんな遠いところにも農業、そして食への、僕たちと同じ強い思いをもった人がいたのです。そして「農業デザイン」という分野を専門としている僕たちファームステッドに声をかけてくれ、これからの中国にもそのような工夫が必要だ、ぜひ力を貸して欲しいと言ってくれました。

そこにあるのは、1次産業へのデザインの活用や地域産品のブランド化という日本と共通の課題です。そして美味しい農作物を作り、より多くの人にそれを食べてもらいたいという願いは、言葉の違いはあっても全く同じでした。

振り返ってみれば、2012年に僕たちがこの活動を本格的にはじめてから4年しかたっていないのですが、状況は大きく変わりつつあることを感じています。最初は農家のためのロゴマークのデザインをしたり、地方の特産品に本格的なブランディング化を施したりというのは珍しいことでした。農業をデザインするといってもいったい何をするの、と不思議がられたものです。

いまでは東京だけでなく地方にもファームレストランがいくつもでき、おしゃれなロゴマークを掲げる農場や、きれいにデザインされた6次産業化の商品がならぶセレクトショップが次々とできています。東京の中だけでもたくさんの産直マルシェが開催されています。

あきらかに生活のなかに農業を意識する機会が増えたと感じます。

とはいえ、それぞれの土地に蓄積された農家の知恵や、本当に美味しい旬の食の情報などは伝えられないままになっていることを地方を訪れるたびに感じます。それを伝えるためにまずは視覚的要素で注目度を上げること、それがデザインの役割です。生産者の思いに目を引きつけるデザイン、美味しいものをきちんと美味しそうに見せるデザイン、生産者や生産地の正しい情報を伝えるデザインが必要です。

農業とデザインという組み合わせが珍しかった時代から、それが普通になる時代へ変わりつつあります。間に合わせの無地のダンボール箱から農家の「旗印」であるロゴマーク入りのオリジナルダンボール箱へ。それがあたりまえになることが、「農業デザイン」の本当のはじまりだと思います。

これからは農業や農家が「見える」ようにならなければいけないのです。見えるためには「顔」がなくてはいけません。それを見ながら消費者は食を選び、味わい、楽しみます。顔を表現するロゴやシンボルマークなどの「旗印」の重要性はますます高まります。

この本を通して、新しい農業に挑戦しようと考える生産者をデザインによって後押しする試みが、今後もっと大きな流れになるであろうことを伝えられたら、と思います。

最後に、この本に取材記事と写真を掲載することを快諾していただいた農家のみなさん、時間のない中で執筆と構成をお手伝いいただいたライターの山下崇さん、前例がない分野の本にもかかわらず出版を決意していただき、北海道・十勝にも足をはこんでくれた編集者の淺野卓夫さん、ありがとうございました。

福島屋の福島会長からは身に余る推薦の言葉をいただきました。厚く御礼申し上げます。本業のあいまをぬって本のＤＴＰ作業や編集の手伝いをしてくれた会社のスタッフのみんなにも心より感謝しています。

そして、「農業をデザインで変える」という情熱にかられて日本全国どころか海外にまで出張に行ってしまい、１年中ほとんど家にいない僕たちをささえてくれる家族に。本当に本当にありがとう。

２０１６年８月　長岡淳一　阿部岳

長岡淳一 *Nagaoka Junichi*
ブランドプロデューサー / 株式会社ファームステッド代表

1976年北海道帯広市生まれ。専修大学経済学部経済学科卒。大学卒業までスピードスケートの選手として活躍。現役引退後、地元へUターン。世界各国を回った経験を生かし、帯広市で2002年有限会社フレーバーを設立。新世代の農業ウェアを提案するプロジェクトなどを推進。2013年、阿部岳とともに株式会社ファームステッドを設立。地域振興ブランドプロデューサーとして、日本全国で活躍中。2012年、2014年グッドデザイン賞受賞。2013年金の卵プロジェクト入賞(経済界)。2014年北海道ベンチャースタートアップEXPOベストオーディエンス賞受賞。2015年第7回フード・アクション・ニッポンアワード2015入賞。

阿部 岳 *Abe Gaku*
グラフィックデザイナー / 株式会社ファームステッド代表

1965年北海道帯広市出身。武蔵野美術短期大学グラフィックデザイン学科卒。都内デザイン事務所勤務の後、1996年有限会社ガクデザインを設立。企業のCI計画や商品ブランドの構築などをメインに活動。2013年、長岡淳一とともに株式会社ファームステッドを設立。2008年、2012年、2013年、2014年グッドデザイン賞受賞。2011年日本パッケージデザイン大賞銅賞受賞（日本パッケージデザイン協会)。FOODEX JAPAN(幕張メッセ)、Tokyo Pack（東京ビッグサイト）などでの講演も多数。

株式会社ファームステッド

株式会社ファームステッドは日本全国の農業をはじめとした1次産業を、デザインを使って支援することを目標に掲げるデザイン・ブランディングカンパニー。
農家のロゴ・シンボルマークや地方産品のパッケージデザイン、地域を活性化するためのブランド作りなど「1次産業にデザインを、地方にこそデザインを」というミッションをもって活動しています。

帯広本社
〒080-0016 北海道帯広市西6条南13丁目11-1F
TEL : 0155-67-5821　FAX : 0155-67-5841
東京事務所
〒103-0001 東京都中央区日本橋小伝馬町20-3-2F
TEL : 03-6206-2773　FAX : 03-6368-6734
http://farmstead.jp

農業をデザインで変える
北海道・十勝発、ファームステッドの挑戦

2016年 9月23日　初版　第1刷発行
2017年12月13日　初版　第3刷発行

著者　長岡淳一、阿部 岳
発行人　須鼻美緒
編集人　淺野卓夫
発行　株式会社 瀬戸内人
〒760-0013 香川県高松市扇町 2-6-5 YB07・TERRSA 大坂 4F
電話・ファックス　087-823-0099
校正　瀬尾裕明
写真協力　大泉省吾、ソーゴー印刷、河村知明、金野和彦、越田明浩、佐々木史織
編集協力　山下 崇
装丁・組版　阿部 岳、北原健太（株式会社 ファームステッド）
印刷・製本　株式会社 シナノパブリッシングプレス

ISBN　978-4-908875-03-8